MANUEL PRATIQUE

DE

CONSTRUCTIONS RUSTIQUES

EN VENTE A LA MÊME LIBRAIRIE

E. GREVIN — IMPRIMERIE DE LAGNY

BIBLIOTHÈQUE DES ACTUALITÉS INDUSTRIELLES, N° 142.

MANUEL PRATIQUE
DE
CONSTRUCTIONS RUSTIQUES

PAR

PAUL HASLUCK

Édition française par L. GRUNY

AVEC 194 FIGURES DANS LE TEXTE

PARIS
LIBRAIRIE BERNARD TIGNOL
PUBLICATIONS DE LA
LIBRAIRIE de l'ECOLE CENTRALE des ARTS et MANUFACTURES
53 bis, Quai des Grands-Augustins, 53 bis

MANUEL PRATIQUE

DE

CONSTRUCTIONS RUSTIQUES

CHAPITRE PREMIER

PETITS MEUBLES RUSTIQUES

Applique avec cadre. — Petit chevalet rustique. — Jardinières rustiques pour la décoration de la table. — Porte-parapluies rustique. — Tabouret rustique. — Caisses à fleurs pour la fenêtre.

Les constructions rustiques ne demandent pas une grande habileté dans le travail du bois ; mais il faut, pour les bien réussir, posséder un certain sens artistique.

Les outils nécessaires sont en nombre très limité, et les matières premières employées sont relativement bon marché, bien que, dans certaines régions, le prix en augmente d'année en année.

On peut dire que tout ce qui se fait avec le bambou — dont l'emploi est maintenant de plus en plus fréquent — peut être tout aussi bien rendu dans le genre rustique.

Pour ces petits travaux, on peut se servir de baguettes de noisetier, de cerisier, d'if, d'épine noire, de bouleau, de mélèze, de sapin, et de nombre d'autres arbrisseaux ; il faudra alors les choisir et les couper pendant la bonne saison et les faire sécher complètement avant de les mettre en œuvre.

Le moment favorable est le milieu de l'hiver, lorsque la sève est au repos. Si on coupait les baguettes en été, l'écorce se détacherait. Lorsqu'on veut les écorcer, il faut les prendre au printemps, à la montée de la sève ; à ce moment, il est, en effet, très facile de séparer les enveloppes du bois.

Dans certaines régions, on élague périodiquement les taillis et on vend les baguettes — c'est, le plus souvent, du noisetier

Fig. 1. — Applique avec cadre.

— aux vanniers. Les meilleures de ces baguettes conviendraient parfaitement pour les travaux dont on trouvera la description dans les pages qui vont suivre.

Il serait bon de conserver ces baguettes dans un hangar ouvert, en les y plaçant debout, si c'est possible, et de telle sorte que l'air puisse circuler librement de tous côtés. Lorsque l'on veut en faire des cannes à pêche ou des cannes, on les suspend, afin qu'elles sèchent en restant bien droites ; cette précaution n'est, d'ailleurs, nécessaire que dans ce cas particulier.

Quand les baguettes ont été tenues en réserve de six mois à un an, suivant leur grosseur, elles sont prêtes à être employées, après qu'on les a frottées avec un morceau de drap, ou brossées, pour enlever la poussière et aviver la couleur de l'écorce.

Les pommes de sapin sont d'un usage fréquent dans la décoration de certains travaux ; on pourra, aussi, recueillir, pour en former différents motifs d'ornementation, des morceaux d'écorces de teintes variées, ainsi que les nœuds et protubérances que présentent, le plus souvent, les vieux ormes.

On peut, soit fendre les baguettes en deux dans leur longueur et en recouvrir l'objet à décorer, en tout ou en partie seulement, à la façon des articles suisses, comme le représente la figure 1, soit les employer intactes et les travailler comme le bambou, dans les genres indiqués par les figures 3 et 42.

La figure 1 représente une applique avec cadre pour photo-

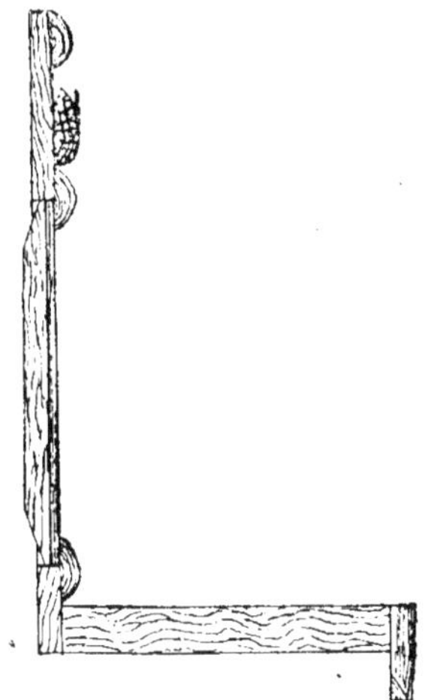

Fig. 2. — Coupe de l'applique montrant la manière de poser le verre.

graphie ou pour un miroir. Il s'agit tout d'abord de découper la partie qui constitue le fond dans un morceau de bois blanc d'un centimètre d'épaisseur, environ.

Le rebord, de bois blanc plus épais, est ensuite cloué à la partie inférieure du premier morceau découpé comme nous venons de le dire. Ensuite, on choisit et on fend en deux des baguettes droites de noisetier, de sapin ou de tout autre bois, que l'on cloue le long des bords du fond et de l'ouverture du cadre ménagée au milieu. Celles qui formeront la bordure du cadre devront en dépasser les bords de quelques millimètres, de manière à constituer un chanfrein qui maintiendra le verre. Les espaces nus du haut et sur les côtés pourront être recouverts de la manière suivante : sciez un morceau d'écorce brune d'orme, recueillez la sciure et saupoudrez-en les parties à recouvrir, que vous aurez enduites de colle légère après avoir, au

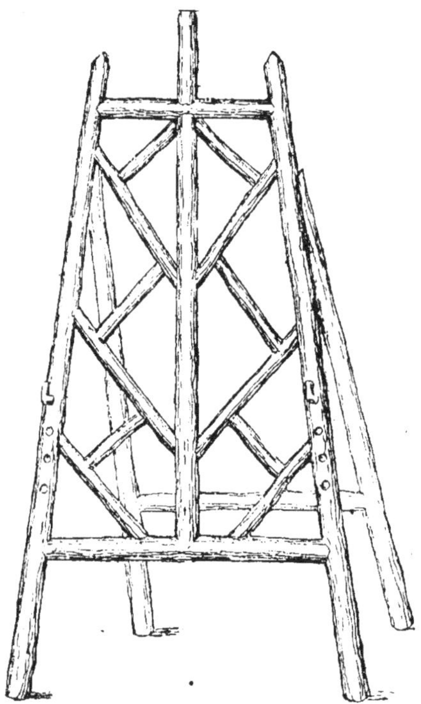

Fig. 3. — Petit chevalet rustique.

préalable, légèrement fait chauffer le bois. Il se fixera de la sciure en quantité suffisante pour couvrir le bois blanc et pour donner au cadre un aspect rustique. On peut également employer, au lieu de sciure, de la limaille ou des détritus de liège. Aux angles du cadre, on clouera, comme l'indique la figure 1, des groupes de pommes de sapin ou de mélèze dont on aura eu soin d'aplanir l'arrière à l'aide d'un couteau ou d'un ciseau. La tranche antérieure et les côtés du rebord sont dissimulés par de courts morceaux de baguettes fendus que l'on cloue l'un contre l'autre.

La construction de l'applique et la manière de fixer le verre sont clairement expliquées par la figure 2 qui est une coupe verticale par le milieu de l'objet.

Un petit chevalet pour photographies, qui, établi à de plus grandes dimensions, peut servir d'écran devant le feu, est représenté par la figure 3. Il est composé entièrement de baguettes rondes. La figure 4 indique la manière d'attacher le pied qui se trouve en arrière au moyen de deux petits crampons que l'on

Fig. 4.
Manière d'attacher le pied au chevalet.

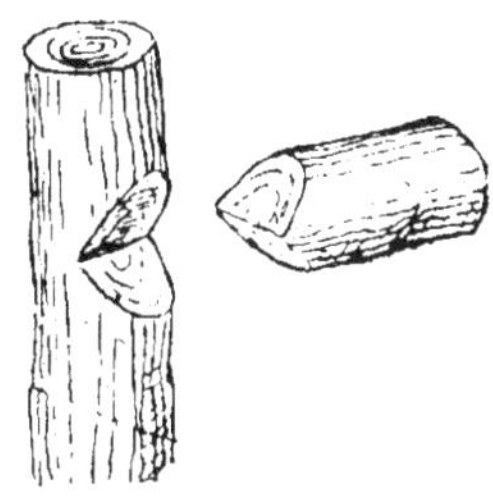

Fig. 5.
Assemblage en onglet.

peut faire avec une épingle à cheveux. Pour raccorder les baguettes rondes, on devra les assembler en onglet, en entaillant l'une d'elles en forme de V et en découpant l'extrémité de l'autre de façon que celle-ci s'adapte exactement dans l'entaille (fig. 5); on peut, d'ailleurs, faire une mortaise et un tenon, comme le montre la figure 6.

Pour faire le chevalet (fig. 3), on assemblera en onglet la barre du haut et celle du bas aux montants latéraux, et le montant du milieu aux deux barres horizontales. Les joints sont renforcés, soit avec des agrafes, soit au moyen de petits clous. Il faut avoir soin de percer pour les clous des trous avec un poinçon, car rien ne fait plus mauvais effet que des fentes dans le bois. Pour fixer le morceau de baguette qui prolonge au-dessus de la barre supérieure le montant du milieu, on peut procéder de la manière suivante : enfoncer un long clou dans le montant à travers la barre, puis, en tailler la tête en forme de pointe avec une lime, de façon à faire une sorte de goujon sur lequel on piquera le morceau de baguette à l'aide d'un marteau.

Lorsqu'une petite baguette doit être fixée à une autre plus grande, — par exemple, dans le cas des morceaux qui constituent le remplissage, — on peut aplanir avec un couteau ou un

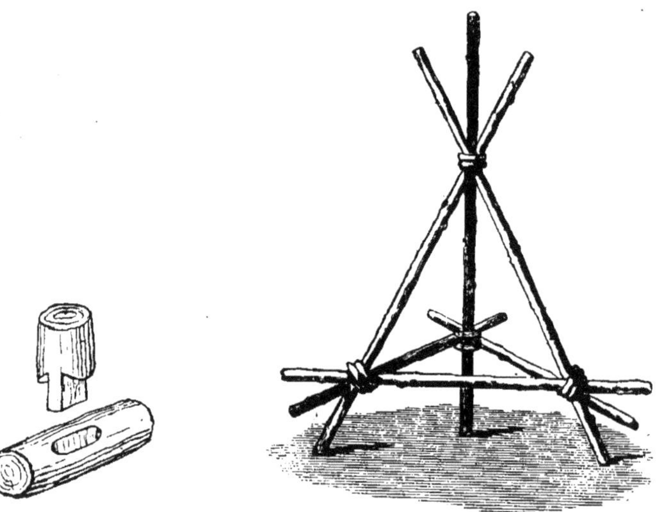

Fig. 6.
Assemblage par mortaise et tenon.

Fig. 7.
Jardinière rustique pour décoration de la table.

ciseau un endroit de la plus grande et couper la petite de manière à ce que le raccord soit très exact, puis, enfin, clouer cette dernière sur l'autre.

Quand on fait un petit chevalet, il suffit d'une unique baguette attachée au montant du milieu, pour former le pied ; mais dès qu'il s'agit d'un plus grand modèle, il vaut mieux lui donner la forme indiquée par la figure 3.

Les objets terminés peuvent être peints et vernis, de même, d'ailleurs, que l'on peut les laisser à l'état naturel. Les baguettes de cerisier font très bon effet quand on laisse à l'écorce sa couleur naturelle et que les extrémités, lorsqu'elles sont découvertes, ont été préparées et vernies sans être teintes. Il y a des baguettes dont la couleur devient plus belle après qu'on les a frottées avec un chiffon imbibé d'huile de lin.

Si on désire employer une couleur, on peut prendre de celles qui se trouvent en bouteilles dans le commerce, mais on peut se contenter de mettre, avec une éponge, un peu de brun Van Dyck préparé à l'eau. Quelquefois, par exemple, quand il s'agit d'un

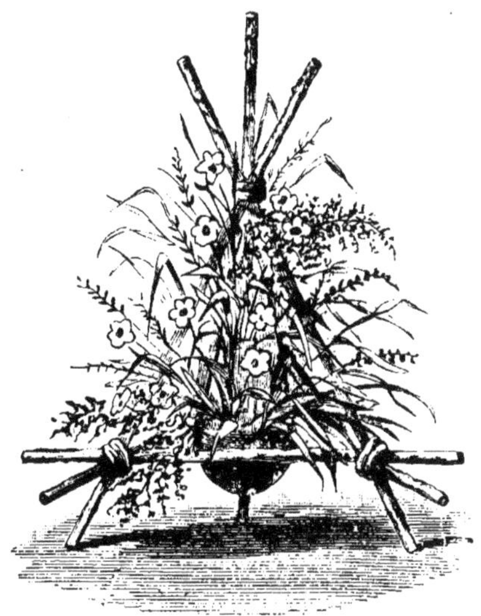

Fig. 8. — Jardinière rustique avec vase en noix de coco.

plateau de table (fig. 42), il est bon de peindre le bois avant de clouer dessus le motif d'ornementation pour éviter que, si les baguettes sont d'une nuance foncée, le bois, plus clair, ne paraisse dans les intervalles.

Si le meuble doit rester à l'extérieur, dans un jardin, par exemple, il faudra lui donner deux ou trois couches de fort vernis dur.

La jardinière rustique, qui peut servir à la décoration de la table, et que représente la figure 7, se compose simplement d'un trépied bohémien formé avec six baguettes rustiques assemblées comme le montre la figure et liées avec de l'osier ou du roseau. Il n'y a aucune recherche de « fini » dans cet article, mais il faut que les baguettes soient solidement attachées aux joints. On peut, à volonté, laisser prendre les extrémités du lien, ou les nouer en un flot.

Le récipient qui contient les fleurs est une coquille de noix de coco sciée en deux de telle sorte que l'un des morceaux forme une sorte de coupe en forme d'œuf; on perce à l'aide d'un poinçon trois trous à égale distance auprès du bord, et on le suspend au trépied avec trois autres morceaux d'osier ou de roseau; la

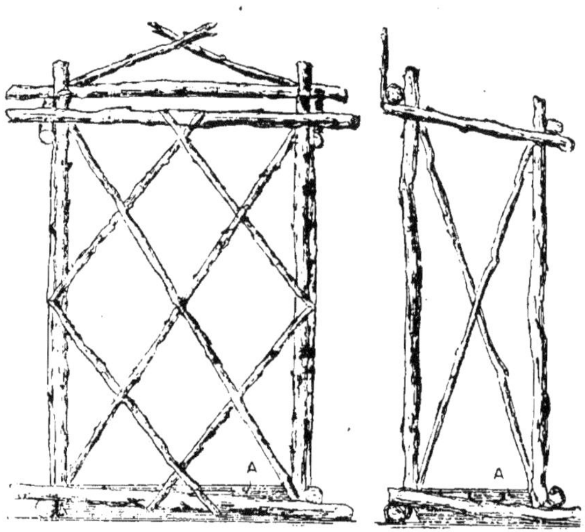

Fig. 9 Fig. 10
Vue de face et vue de côté du porte-parapluies rustique.

jardinière est alors terminée. Naturellement, on peut utiliser tout autre réceptacle de petite dimension à la place de la noix de coco qui, cependant, s'adapte fort bien au genre rustique et n'est pas difficile à trouver. La figure 8 tend à représenter le trépied lorsqu'il est garni de fleurs.

Le porte-parapluies rustique représenté par les figures 9 à 11 a été fait avec des branches et des baguettes provenant d'un vieux pommier. Les montants et les principales traverses ont un peu plus de 2 centimètres d'épaisseur, et les petites traverses, 1 centimètre et demi environ. Le fond est formé de quatre morceaux ayant 4 centimètres d'épaisseur. Les plus longs mesurent

43 centimètres, et les plus courts, 38 centimètres; ils sont cloués ensemble de telle sorte que les extrémités, aux deux angles de devant se croisent en alternant et fassent saillie de 6 à 7 centimètres. Les montants de devant ont 65 centimètres de haut, ceux de derrière ont 70 centimètres; les plus longues traverses ont 55 centimètres, les plus courtes, 28 centimètres. Les extrémités se croisent, et font saillie de 7 cm. 5 à chacun des angles de devant; il n'y a que le morceau le plus long qui forme une

Fig. 11. — Plan du porte-parapluies rustique montrant le fond.

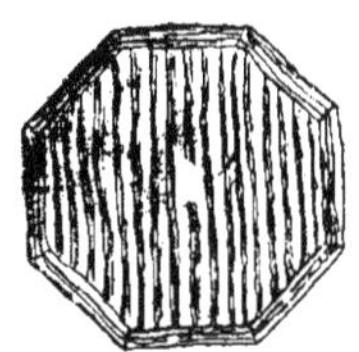

Fig. 12 et 13. Élévation et plan de tabouret rustique.

saillie de 7 cm. 5 aux angles de derrière, les morceaux plus courts étant coupés juste au niveau du cadre pour permettre de poser le porte-parapluies contre un mur. Ces traverses sont clouées aux montants de manière à laisser les extrémités supérieures de ces derniers former au-dessus d'elles une saillie de 5 centimètres, ce qui donne à l'encadrement intérieur oblong 58 centimètres sur 38 centimètres. Les morceaux minces sont cloués comme le montre la figure 9; on devra avoir soin de les entrelacer autant que possible. La face postérieure du porte-parapluies est disposée de la même façon. On se servira de tout le bois aussi « nature » que possible, en laissant l'écorce, les nœuds, etc. Toutefois, on taillera soigneusement les extrémités, en les égalisant à l'aide d'un ciseau. Deux couches de vernis finiront le porte-parapluies, auquel il restera à adapter un réceptacle destiné à recevoir l'eau provenant des parapluies. La figure 11 représente, en A, à cet effet, un plateau en fer blanc peint.

Le tabouret rustique (fig. 12 et 13) sera fait par paires, et on en placera un de chaque côté du porte-parapluies décrit plus haut, supportant une plante d'appartement, fougère ou palmier.

Le dessus de chaque tabouret est découpé dans un morceau de bois de 2 cm. 5 d'épaisseur, ayant 23 centimètres de côté (le bois provenant d'une vieille boîte ferait bien l'affaire) ; on lui donnera à la scie une forme octogonale. On clouera ensuite sur les bords une double rangée de bois de pommier, d'érable ou de toute autre espèce ayant une bonne écorce ; il faudra mettre les gros

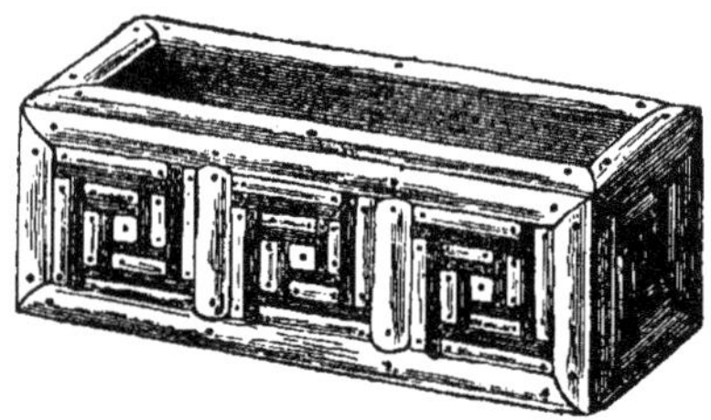

Fig. 14. — Caisse à fleurs pour fenêtre

morceaux en bas plutôt qu'au-dessus, pour faire une gradation. On recouvrira enfin tout le dessus avec des morceaux de bois droits coupés à des baguettes choisies pour la beauté de leur écorce. Tous ces morceaux seront cloués avec des pointes fines. Les quatre pieds sont constitués par des morceaux de pommier de 2 cm. 5 d'épaisseur et de 23 centimètres de long. Ils sont coupés en biais à leur partie supérieure de manière à s'adapter à un bloc de bois carré, de 5 centimètres d'épaisseur sur 7 cm. 5 de long, qui est solidement assujetti au-dessus ou « plateau » du tabouret au moyen de deux vis. Ce morceau de bois devra être fixé au plateau avant que les baguettes n'y soient clouées. Deux clous de 6 centimètres de long suffiront pour maintenir solidement chacun des pieds au bloc central. Ensuite, on cloue en travers des pieds, comme le montre la figure 12, des morceaux de bois rustique de 6 millimètres à 1 centimètre de diamètre, les extrémités se croisant et formant une saillie de 2 à 3 centimètres dans chaque sens. Lorsque le tabouret est terminé, il a une hauteur de 26 centimètres, et est tellement solide qu'il supporterait sûrement un homme d'un bon poids. Le bloc de bois auquel les

Fig. 15. — Autre modèle de caisse à fleurs plus décoratif.

pieds sont fixés devra être peint d'une couleur assortie au bois rustique employé ; une solution de permanganate de potasse

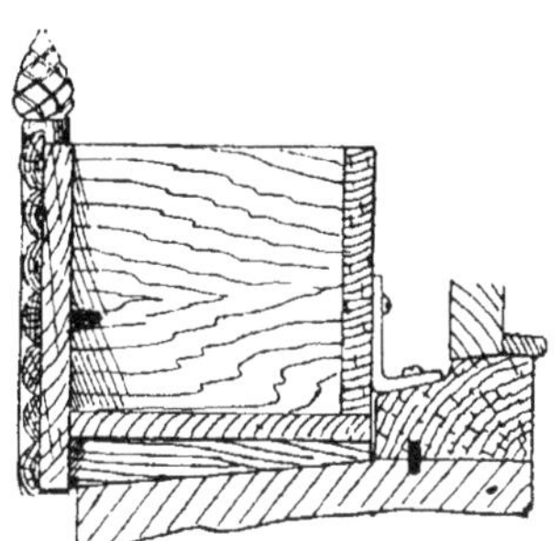

Fig. 16. — Coupe de la caisse à fleurs posée à la fenêtre.

pourra servir à cet effet. Pour finir, deux couches de vernis clair donneront au bois un bon aspect.

Les figures 14 à 16 représentent des caisses à fleurs pour mettre sur le rebord des fenêtres. Celle qui est reproduite par la figure 14 a été faite avec une caisse à raisins secs provenant de chez un épicier. Ces caisses ne coûtent pas cher, et il est souvent plus économique de les acheter et de s'en servir pour des travaux grossiers que de prendre du bois neuf. Ayez soin que les planches soient assez fortes pour tenir solidement les poinçons. La caisse mesure environ 53 centimètres sur 18 et 18 centimètres. On la recouvre entièrement de mosaïque formée de morceaux de baguettes foncées et claires disposés en panneaux. On clouera également des morceaux sur les bords supérieurs.

La caisse à fleurs plus ornée que représentent les figures 15 et 16 peut être faite de dimensions telles qu'elle s'adapte exactement à la fenêtre à laquelle elle est destinée. Il faudra percer quelques trous dans le fond pour faciliter l'écoulement de l'eau; la planche qui constitue la face antérieure sera découpée de la forme indiquée par la figure, puis on clouera les éléments de l'ornementation rustique, qui ne font pas partie de la construction de la caisse proprement dite. La figure 16 montre des coins adaptés au rebord de pierre de manière à mettre la caisse horizontalement; le tout est maintenu en place par deux cornières en métal qui sont vissées dans le rebord de bois et dans la face arrière de la caisse.

CHAPITRE II

JARDINIÈRES, VASES

Jardinière rustique. — Vase sur trépied. — Vase hexagonal. — Jardinière à tablettes. — Grand vase carré. — Grand vase hexagonal. — Grand vase à plante avec pieds. — Pied de table rustique. — Caisse à fleurs, vase et jardinière de jardin. — Piédestal rustique. — Jardinière en imitation de bambou.

La jardinière rustique représentée par la figure 17 peut être faite aux dimensions suivantes : 1 mètre de haut sur 1 m. 15 de long et 25 centimètres de large. Choisissez, pour faire les pieds, quatre branches courbes de 1 m. 10 de long et 6 à 7 centimètres de diamètre ; comme on peut éprouver quelque difficulté pour les trouver de courbure égale, il faut recourir à un procédé artificiel qui permette d'obtenir une symétrie suffisante. Pour cela, prenez les branches plus longues de 70 à 90 centimètres que la dimension qu'elles devront avoir quand elles seront terminées et donnez-leur la forme voulue à l'aide d'une corde et d'une fiche, comme le montre la figure 18 ; on peut employer à cet usage du fil de fer flexible à six brins ou une forte corde de chanvre, ou une vis de serrage comme celles qui servent à tendre les fils de fer des clôtures. Maintenez la tension jusqu'à ce que le bois soit courbé d'une façon permanente, ce qui demande plus ou moins de temps suivant la nature et l'état du bois. Il est bon de serrer graduellement pendant un certain laps de temps et par intervalles. Les barres sont pourvues de tenons s'adaptant aux mortaises pratiquées dans les pieds, puis voligées et clouées aux longues barres inférieures, pour supporter les pots de fleurs (voir fig. 19). Le tout est alors fixé diagonalement aux barres. Les extrémités qui aboutissent aux pieds et au mor-

Fig. 17. — Jardinière rustique.

ceau de bois central sont taillées soigneusement de manière à former un joint exact; des angles en planche sont ensuite ajustés sur la face inférieure des barres de dessous afin de soutenir l'ensemble aux endrois où il se courbe sous le poids.

Fig. 18. — Manière de courber les branches.

Le vase représenté par la figure 20 est de forme hexagonale ; les faces latérales, passées au brun Van Dyck, sont assujetties à un fond que supporte un trépied. La hauteur totale est d'environ 1 m. 10. Des planches d'orme conviennent parfaitement pour faire les côtés et le fond ; elles auront 40 centimètres de haut et 22 centimètres de large à leur partie supérieure, 16 centimètres de large en bas, sur une épaisseur de 2 à 3 centimètres. Taillez en biais à 60 degrés les bords des planches en question, et réunissez-les au moyen de clous placés comme le montre la figure 21. Lorsque les six côtés sont terminés, préparez la planche hexagonale qui doit constituer le fond. Percez-y des trous pour l'écoulement de l'eau, ainsi que trois trous équidis-

Fig. 19. — Assemblage des barres sur les poteaux.

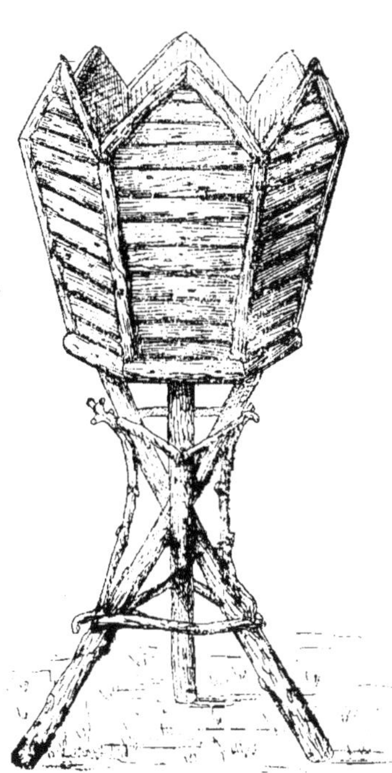

Fig. 20. — Vase sur trépied.

tants, de 3 centimètres de diamètre, à une inclinaison d'environ 60 degrés, destinés à recevoir les tenons des pieds (voir fig. 22). Vissez ensuite le fond aux côtés et posez sur le tout les parties recouvertes d'écorce qui constitueront la décoration. Les petites branches employées à cet effet devront avoir été coupées un an à l'avance, au minimum. Elles seront sciées par moitiés ; à ces fins, on devra choisir des branches bien droites. Si c'est nécessaire, taillez légèrement les bords de façon que l'assemblage se fasse plus exactement quand il s'agira de les poser parallèlement. Commencez par fixer la bordure inférieure sur le fond

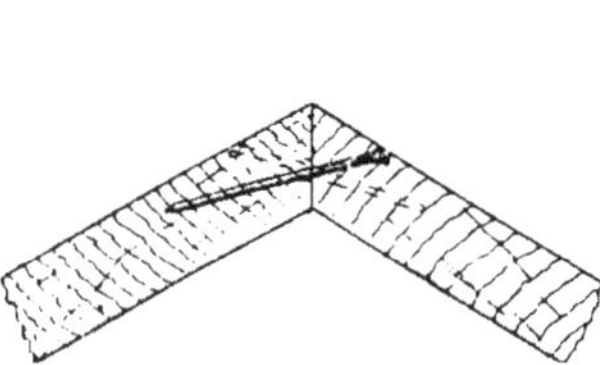

Fig. 21. — Assemblage des côtés du vase hexagonal.

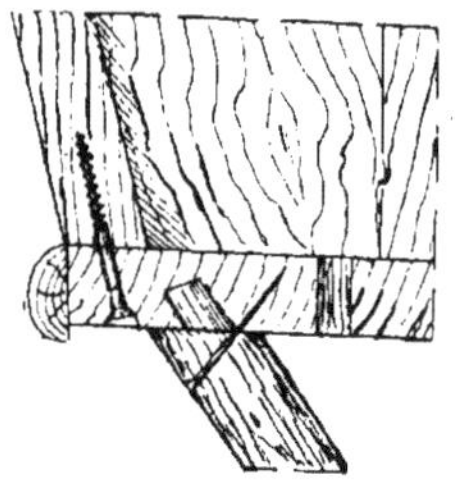

Fig. 22. — Côtés et pieds du vase fixés au fond.

Fig. 23. Coupe des branches aux angles du vase.

hexagonal, puis, les montants qui sont sur les angles et que vous aurez, au préalable, évidés comme le montre la figure 23.

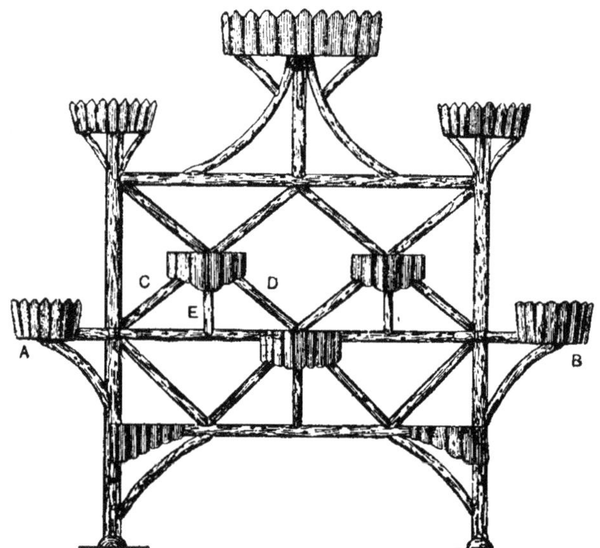

Fig. 24. — Vue de face d'une jardinière à tablettes.

Ensuite, posez les baguettes de bordure sur les angles, et, pour finir, placez les branches horizontales. Les pieds seront cloués au fond du vase (voir fig. 22), et, au milieu, au point où ils se croisent, ils seront, de plus, assujettis au moyen de baguettes qui font office de rayons, ainsi que l'indique la figure 20.

La jardinière à tablettes que représentent, vue de face et vue de côté, les figures 24 et 25, est disposée pour recevoir seize pots de fleurs. Les deux montants verticaux ont 86 centimètres de haut et environ 7 de diamètre. Les trois barres ont 90 centi-

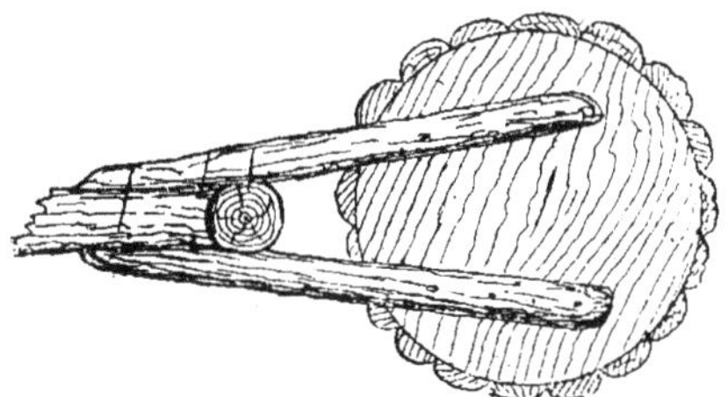

Fig. 27. — Manière de supporter les tablettes des extrémités de la jardinière en A et en B (fig. 24).

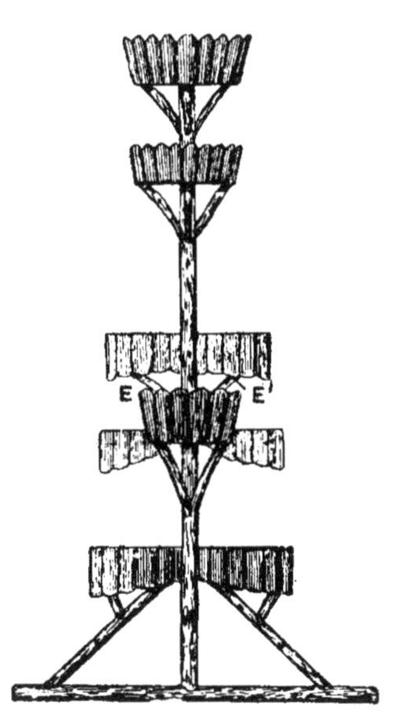

Fig. 25. — Vue de côté d'une jardinière à tablettes.

Fig. 26. — Assemblage des barres de la jardinière aux montants.

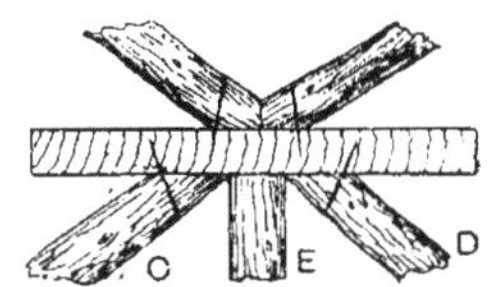

Fig. 28. — Assemblage des tablettes centrales de la jardinière.

mètres de long, et sont fixées au moyen de tenons aux montants, comme l'indique la figure 26 ; les montants sont également assujettis par des tenons, et cloués aux barres inférieures ; de plus, ils sont pourvus de fiches de soutien, que représente la figure 25. La manière de fixer les tablettes A et B (fig. 24) est illustrée par la figure 27, qui est une vue par-dessous ; il y a lieu d'adapter aussi des fiches de soutien qui sont indiquées sur la figure 25. La tablette et les fiches de soutien C, D, E et E' (fig. 24 et 25) sont assujetties à la barre centrale ; puis, les deux attaches diagonales de dessus sont clouées à la tablette et à la barre supérieure, maintenant ainsi fortement tout l'ensemble. Il n'est pas nécessaire de donner des indications spéciales pour le reste du travail. On se sert de baguettes fendues pour former l'entourage des tablettes.

La figure 29 représente un vase carré formé de planches d'orme de 3 centimètres et demi d'épaisseur. La dimension moyenne des côtés est de 53 centimètres en haut et 46 à la base, pour une hauteur de 66 centimètres, y compris le pied. Les

Fig. 29. — Grand vase carré. Fig. 30. — Grand vase hexagonal.

baguettes fendues qui constituent l'ornementation ont une largeur de 4 centimètres et sont espacées d'environ 5 centimètres l'une de l'autre, de bord à bord.

Le vase que montre la figure 30 est de forme hexagonale ; les côtés ont 53 centimètres de haut sur 38 de long à leur partie supérieure et 34 à la base.

Les côtés et le fond de ces deux vases sont assemblés comme on l'a vu par les figures 21 et 22. Pour l'écoulement de l'eau, on perce cinq trous de 2 à 3 centimètres de diamètre. Les petits pieds ayant été fixés à l'aide de vis placées de l'intérieur du vase, on y cloue la décoration rustique de la manière décrite plus haut à propos de la figure 20.

Il faudra donner aux jardinières et aux vases deux couches de vernis à l'huile, et bien laisser sécher la première avant de passer la seconde.

La figure 31 représente un grand vase à plante fait avec la moitié d'un tonneau à pétrole. Un tonneau ordinaire de 180 litres a, à peu près, un mètre de hauteur, sur 65 centimètres de diamètre, et est en bon chêne épais. Scié en son milieu, il forme deux bonnes cuves. C'est l'une de ces moitiés que représente la

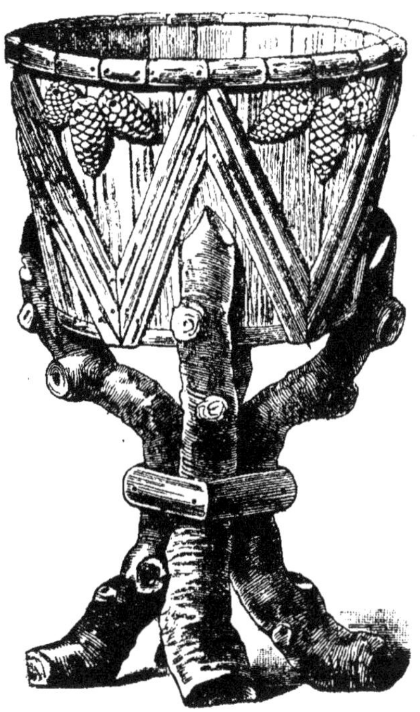

Fig. 31. — Grand vase à plante avec pieds.

figure 31. Comme il s'agit de la préparer en vue d'y mettre une plante à grand feuillage, il faut la monter sur pieds. Ceux qui sont représentés par les illustrations sont autant de morceaux coupés à des branches d'arbre ordinaire. Dans un tas de bois, on peut ordinairement choisir des morceaux assez bien adaptés à l'usage que l'on en veut faire, bien que, naturellement, leurs contours et leur forme varient. Des branches de chêne dont l'écorce a été enlevée pour servir à la tannerie conviendront parfaitement ; si on préfère avoir l'écorce, on pourra prendre des branches de pommiers ou d'orme. Ces branches font un meilleur effet lorsqu'elles sont rudes, noueuses et tordues. Comme la cuve ne sera couverte que partiellement par la mosaïque rus-

Fig. 32. — Pied de table rustique.

tique, il sera bon de la peindre avant de clouer quoique ce soit dessus. Une nuance brun foncé ou chocolat s'assortira bien à l'écorce naturelle. Les éléments d'ornementation rustique

Fig. 33. — Caisse à fleurs pour jardin.

devront être sciés, les longueurs nécessaires dans ce cas étant trop grandes pour que l'on puisse raisonnablement les fendre à l'aide d'une hachette — sauf, toutefois, pour les morceaux qui forment le tour du bord, et qui sont plus épais que les pièces de chevrons, soit 4 centimètres au lieu de 2 et demi.

Dans les chevrons, on pourra mettre la petite baguette médiane, écorcée et blanchâtre ; les deux autres, plus foncées, ayant encore leur écorce ; ce sera, le plus souvent, du noisetier. D'une façon générale, nous recommanderons les pointes fines pour fixer les baguettes d'ornementation ; mais lorsque, comme dans le cas actuel, celles-ci doivent être appliquées sur une surface courbe, on aura plus d'avantage à se servir de petits clous. Des motifs en pommes de sapin, dans le genre de celui qui figure sur l'illustration, contribuent heureusement à décorer les espaces triangulaires.

La figure 32 représente en plan et en coupe partielle un

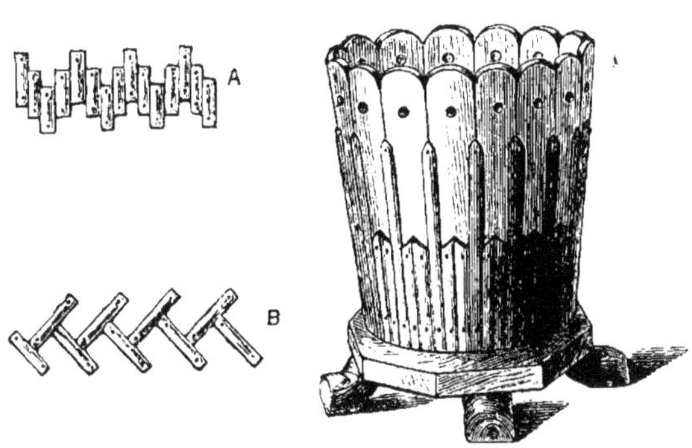

Fig. 34 et 35. — Motifs décoratifs en baguettes.

Fig. 36. — Vase pour plante à feuillage.

genre de pied convenant fort bien pour une jardinière à un pied, ou pour un guéridon.

La figure 33 montre la seconde moitié du tonneau disposée pour recevoir un arbuste, un oranger ou quelque plante de même taille.

Ces caisses à fleurs sont particulièrement utiles dans les petites villes et dans les faubourgs, où il y a des cours intérieures dans lesquelles on ne peut autrement avoir de la verdure.

Dans ce dernier modèle, on verra que, pour changer, la partie supérieure des douves a été sciée en forme de chevrons que reproduit un peu plus bas une ligne de baguettes fendues. Les figures 34 et 35 indiquent la manière d'apporter de la variété dans les dispositions de ces baguettes. A mi-distance entre celles-ci et le fond de la cuve, on arrange une bande en mosaïque formée de baguettes claires et foncées. Les petits morceaux qui remplissent les intervalles en losange de ce modèle sont plus épais que le reste, de manière à faire relief sur le tout. Par-dessus le cercle de fer qui se trouve inévitablement à la partie inférieure de la cuve, où les morceaux de baguettes que l'on clouerait se détacheraient fréquemment, on a mis un cercle de bois. Sur les côtés, on a fixé, pour servir d'anses, deux par-

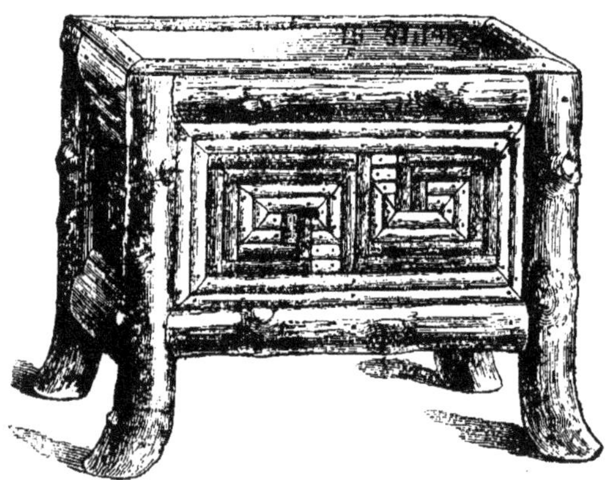

Fig. 37. — Jardinière de jardin.

ties de branches rugueuses qui devront être solidement assujetties au moyen de grosses vis placées de l'intérieur de la cuve.

Le vase représenté par la figure 36 est destiné à recevoir une plante à fleurs de peu de hauteur, par exemple, un géranium de grande taille. Primitivement, c'était un tonnelet à lard d'Amérique. Comme dans la cuve précédente, les douves ont été sciées suivant un profil plus décoratif, et, de plus, on les a perforées.

Les bandes de baguettes ont été disposées verticalement afin d'éviter la difficulté que l'on éprouverait pour les courber et les maintenir en place sur un si petit récipient. Le fond du tonnelet est vissé sur une planche octogonale sous laquelle on a assujetti, au moyen de gros clous, quatre courts morceaux de branches qui font office de pieds. Comme ni ce tonnelet ni l'autre cuve ne sont entièrement recouverts par les motifs de mosaïque, on devra les peindre tout d'abord. La planche octogonale peut parfaitement rester telle qu'elle est ; mais, si on la peint, il sera bon de clouer sur les tranches des bords une baguette de jonc fendu.

Une jardinière de jardin faite avec une boîte à savon, et montée sur pieds, est représentée par la figure 37. La manière la plus facile de poser l'un de ces pieds consiste à scier en deux le

Fig. 38 et 39. — Élévation et coupe verticale du piédestal rustique.

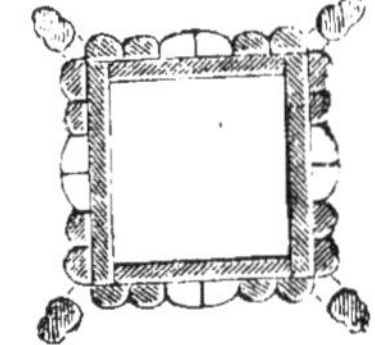

Fig. 40. — Coupe horizontale du piédestal rustique.

morceau de bois sur une longueur, à compter de l'extrémité supérieure, égale à la profondeur de la caisse, puis à le couper perpendiculairement et à enlever une moitié. L'angle de la caisse sera placé au milieu de la section, et on clouera le pied au côté de la caisse. La partie du pied qui a été enlevée sera alors coupée en deux à son tour, et le quart convenable sera replacé et cloué sur l'autre côté de la caisse. Des grecques comme celles qui figurent sur ces deux derniers exemples de meubles sont des modèles très appropriés à ce genre de travaux rustiques.

Les figures 38 à 40 représentent un piédestal pour cadran solaire ou pour vase à fleurs. Il est fait avec une boîte en planches d'orme de 2 à 3 centimètres d'épaisseur surmontée d'une planche épaisse de 5 centimètres. On peut lui donner les dimensions suivantes : 1 m. 15 de haut sur une base de 35 centimètres de côté, la planche qui constitue le dessus ayant 40 centimètres dans les deux sens.

Un modèle de jardinière en imitation de bambou est représenté par la figure 41. La hauteur totale sera de 80 centimètres ; la longueur de 1 mètre à 1 m. 15. La caisse qui se trouve à la

Fig. 41. — Jardinière en imitation de bambou.

partie supérieure devra avoir une largeur d'environ 20 à 25 centimètres, et une profondeur de 20 centimètres. Au cours du montage de ce meuble, il faut avoir bien soin de donner à la partie extérieure les dimensions exactes et des angles absolument droits. La moindre négligence à cet égard compromettrait l'effet que doit produire le travail lorsqu'il est achevé. La caisse du dessus devra s'adapter exactement à l'intérieur, et sera doublée de zinc. Quant à la partie extérieure, on peut l'enduire de colle et la saupoudrer de sciure de bois brune.

CHAPITRE III

TABLES RUSTIQUES

Petite table rustique carrée. — Table rustique hexagonale.

La figure 42 ci-dessous représente une petite table rustique dont on peut se servir en guise de porte-potiche. Pour faire la

Fig. 42. — Petite table rustique carrée

tablette supérieure, on peut employer du bois de 2 centimètres d'épaisseur ; il sera bon de clouer en dessous deux rebords pour la maintenir bien à plat et l'empêcher de plier sous la charge que l'on y posera. Cette table pourra avoir 55 à 60 centimètres de haut ; le dessus ou « plateau » sera un carré de 40 centimètres de côté. Si l'on désire avoir une plus grande table, on pourra

Fig. 43. — Table rustique hexagonale.

prendre les dimensions suivantes : 70 centimètres de hauteur et 45 × 45 pour le plateau.

Le modèle ne convient pas pour des tables plus grandes. On peut assujettir les pieds au-dessus en perçant dans les rebords des trous où l'on en fixera la partie supérieure. Il est indispensable de réunir très solidement les traverses aux pieds ; pour les joints, le tenon et la mortaise que représente la figure 6 seront tout indiqués. Si les bâtons qui forment les pieds sont quelque peu faibles, il vaudra mieux placer les traverses un peu plus haut sur deux des côtés afin que les mortaises ne se rencontrent pas. Le plateau est recouvert d'un revêtement dans le genre suisse, fait avec des baguettes fendues. On peut obtenir le dessin en tirant des lignes d'un angle à un autre, et en travers au milieu de chacun des côtés ; on dessine ensuite au centre de la figure un plus petit carré dont les diagonales sont perpendiculaire aux côtés du premier carré. Des lignes reliant les angles du petit carré aux coins du plateau formeront une étoile à quatre pointes. Le dessin devra être bien marqué au crayon. Quand on clouera les baguettes, il faudra commencer par celles qui forment la bordure extérieure du plateau et les tailler en biais aux extrémités pour en former les angles. On placera ensuite les petites

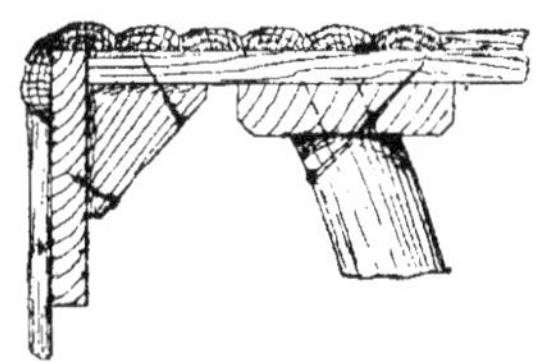

Fig. 44. — Coupe verticale partielle du plateau de la table hexagonale.

baguettes qui constituent le dessin du petit carré, puis les huit morceaux qui partent des angles du petit carré pour aboutir aux coins du plateau.

Dans l'exécution des modèles décrits plus haut, clouez toujours en premier lieu les baguettes qui suivent les contours du dessin. Les morceaux qui constituent le remplissage pourront être placés plus tard. On peut apporter de la variété dans les modèles en se servant de baguettes de différentes couleurs ; par exemple, on peut exécuter le tracé du dessin en noisetier ou en épine noire et faire le remplissage avec de l'aubépine ou du saule dont l'écorce aura été enlevée. Les tranches du plateau seront dissimulées sous des petits morceaux de baguettes ou des pommes de sapin clouées.

La figure 43 représente une petite table rustique à plateau hexagonal destinée à une maison de campagne, ou à rester sur la pelouse. Voici les dimensions appropriées : hauteur : 80 centimètres ; diamètre du plateau hexagonal : 90 centimètres. Ce dernier se fait avec deux ou trois planches de 2 centimètres d'épaisseur assemblées à l'aide de crampons et fixées par-dessous avec deux lattes de 8 centimètres de large et de 3 centimètres d'épaisseur. Les quatre pieds sont assujettis par des goujons et cloués à ces lattes, et maintenus droits par les barres et les attaches en diagonale qui sont clouées aux pieds ; on pose ensuite une demi-

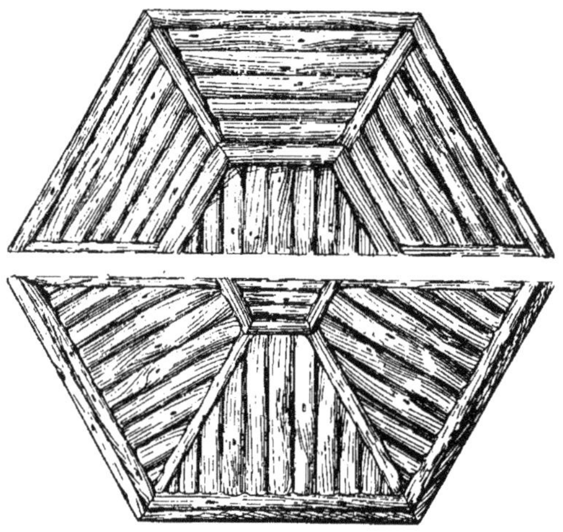

Fig. 45. — Demi-plans de plateaux hexagonaux.

baguette ronde sur la tranche du plateau ; quant à ce dernier, la manière de le fixer est indiquée par la figure 44.

La figure 45 représente deux moitiés de plateau montrant deux modèles différents d'ornementation. On devra scier les baguettes de telle sorte que leur coupe reproduise moins qu'un demi-cercle, et il y aura avantage à en tailler légèrement les bords, car, de la sorte, elles s'adapteront plus précisément les unes aux autres et recouvriront exactement les planches qui constituent le plateau de la table.

CHAPITRE IV

FAUTEUILS ET SIÈGES RUSTIQUES

Pour faire le fauteuil que représente la figure 46, choisissez quatre pieds légèrement courbés d'environ 8 centimètres de dia-

Fig. 46. — Fauteuil rustique.

mètre ; les deux de devant auront 65 centimètres de haut ; les deux autres, 90 centimètres. La barre qui forme le devant du siège a 40 centimètres de long et un diamètre de 7 centimètres ; la barre de derrière a 35 centimètres de long, et les barres laté-

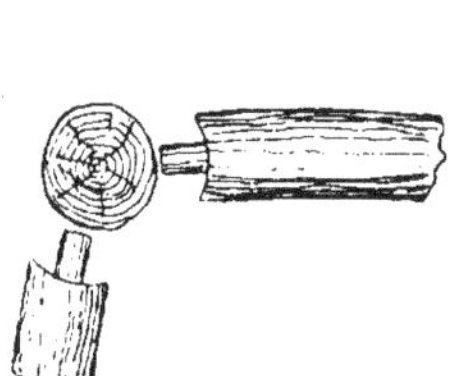

Fig. 47. — Assemblage des barres du siège aux pieds du fauteuil.

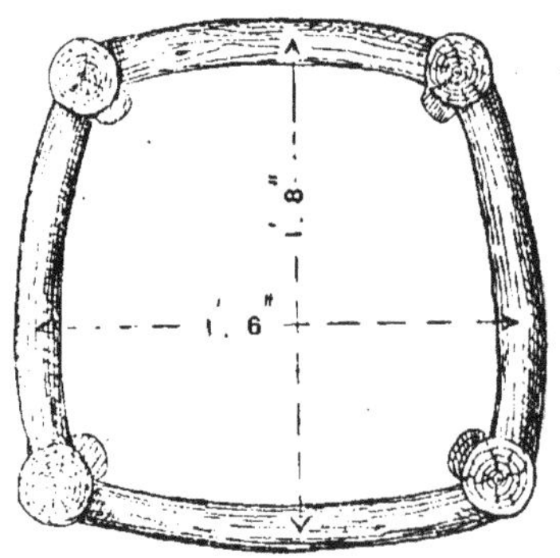

Fig. 48. — Plan de l'encadrement du siège du fauteuil.

rales, 43 centimètres; les extrémités sont préparées de manière à s'adapter aux pieds et assujetties au moyen de goujons en frêne

Fig. 49. — Vue d'ensemble du banc de jardin.

ou en orme, de 2 centimètres de diamètre. La hauteur du siège est de 45 centimètres. Les lattes qui constituent le siège sont posées sur les barres latérales, et on place des taquets sur le côté des pieds qui se trouve à l'intérieur du cadre (voir fig. 48), pour supporter les voliges des extrémités, en avant et en arrière. Les bras et le dossier se font en trois parties, les joints obliques se trouvant immédiatement au-dessus des pieds de derrière. On ajoute ensuite le treillage, et, pour finir, on assujettit autour du siège les fiches de soutien et les ornements. On peut faire ce

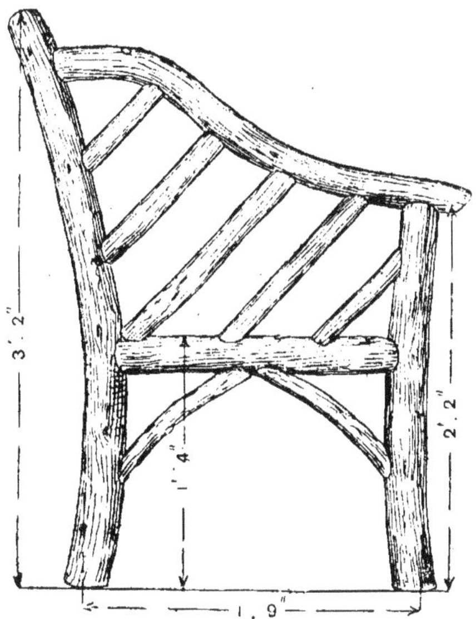

Fig. 50. — Vue de côté du banc de jardin.

fauteuil avec du bois brut non préparé, ou bien l'écorcer et le peindre, et le vernir ultérieurement.

Les sièges de jardin dont nous allons parler gagneront à être faits avec du chêne dont l'écorce a été enlevée, ainsi que les rameaux ; il sera bon aussi de les peindre et de les vernir. La construction en est très simple.

Pour faire le banc que représente la figure 49, choisissez d'abord les trois montants du dossier d'une courbure naturelle aussi semblable et exacte que possible. Comme diamètre, ils devront avoir de 6 à 8 centimètres. Ensuite, procurez-vous de quoi faire les montants des bras et le pied du milieu du devant.

Puis, coupez deux barres pour le siège au dossier et une pour le devant, de 1 m. 80 à 2 mètres de long, et enfin deux barres pour les côtés du siège (voir fig. 50) et une pour le milieu, ayant chacune une longueur de 51 centimètres. Donnez aux extrémités des barres la forme des montants, comme le montrent les figures 51 et 52, de manière à obtenir un joint parfait, et percez

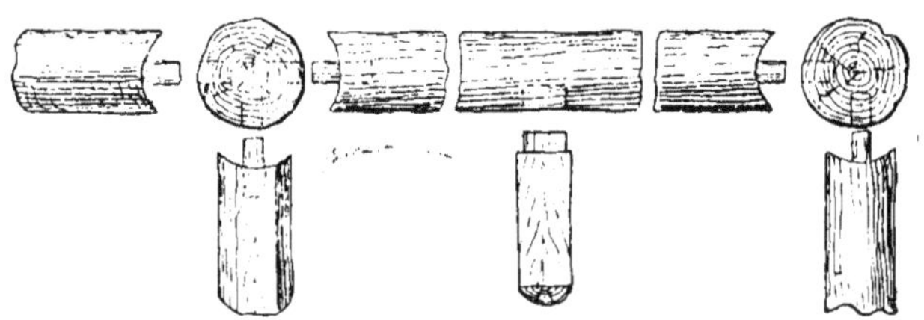

Fig. 51. — Assemblage des barres et des poteaux du siège de jardin.

les montants et les barres au vilebrequin avec une mèche de 2 centimètres sur une profondeur de 3 à 4 centimètres pour recevoir des goujons de frêne ou d'orme. Ce procédé vaut mieux que des tenons pratiqués sur les montants mêmes. Essayez alors l'assemblage et rectifiez les défauts, s'il y en a ; puis démontez

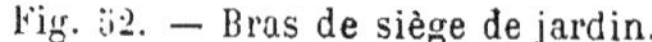

Fig. 52. — Bras de siège de jardin.

Fig. 53. — Plan partiel du siège.

le tout et enduisez les joints avec une épaisse couche d'un mélange de deux parties de céruse (broyée dans l'huile) et d'une partie de minium dans de l'huile de lin bouillie. Enfoncez les joints et fixez-les au moyen de clous et de vis, puis essuyez le trop-plein du mélange qui en sort. Fixez maintenant la barre supérieure du dossier et celles des bras. Les extrémités de la première seront taillées en bec d'oiseau pour s'ajuster aux montants. Les deux autres seront préparées de la même manière pour le derrière ; elles s'adapteront dans des entailles ajustées pratiquées dans les montants de devant auxquels on les clouera ensuite.

Mesurez et marquez des distances égales pour placer les fiches de soutien dont les extrémités seront préparées de manière à s'ajuster aux barres et aux montants. Assujettissez-les au moyen de deux clous à chacune des extrémités. Le siège (fig. 53) est fait avec des branches fendues disposées comme on peut le voir par

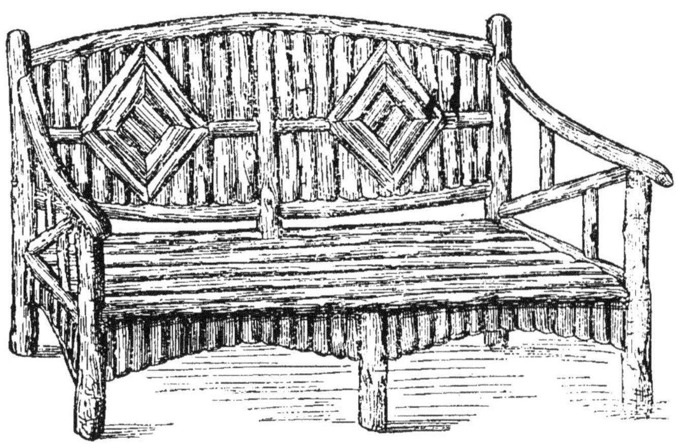

Fig. 54. — Autre banc de jardin.

l'illustration et dont les extrémités sont taillées pour s'adapter aux barres et fixées à l'aide d'attaches ou de clous. Pour terminer, disposez les fiches de soutien entre les barres du siège et la partie inférieure des montants.

La carcasse du fauteuil que représentent les figures 54 et 55 est établie sur les mêmes données que celles que nous venons d'indiquer. Les morceaux de latte qui constituent le siège sont placés dans le sens de la longueur et on donne à leurs extrémités une forme qui leur permette de s'adapter aux barres extérieures. Les voliges reposent sur la barre transversale du milieu dont la partie supérieure a été aplanie dans ce but (voir fig. 55, 56 et 57). La figure 56 donne également la vue en coupe partielle auprès du pied central et montre la barre de devant déplacée de son centre, ainsi que la barre transversale reposant sur le pied auquel elle est solidement clouée. Lorsque le siège a plus de 1 m. 66 de long, il est indispensable de mettre des barres

Fig. 55. — Coupe verticale du banc de jardin.

intermédiaires pour soutenir les lattes ; des branches fendues en leur milieu feront l'affaire. Le remplissage du dossier est

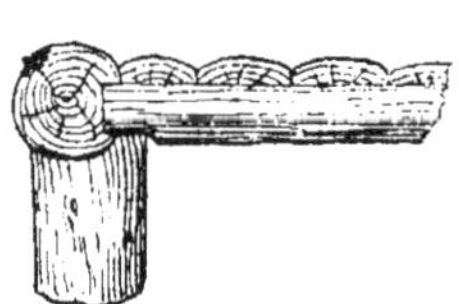

Fig. 56. — Coupe verticale montrant la barre du devant, la barre transversale et les voliges.

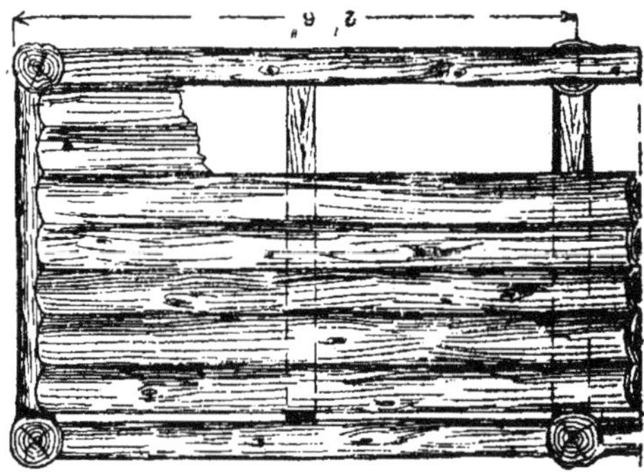

Fig. 57. — Plan partiel du siège.

fixé aux barres d'en haut et d'en bas, et soutenu en sa partie médiane par une large barre longitudinale et deux autres verticales suivant la diagonale des motifs rectangulaires. Ceux-ci sont ajustés et fixés, en partie sur celles-ci et en partie sur les barres. Enfin, des fiches de soutien sont assujetties aux barres du siège et aux pieds et recouvertes avec des branches menues dont les extrémités inférieures forment une courbe régulière.

La figure 58 représente un banc rustique de jardin avec auvents. Dans les endroits où l'on veut avoir de l'ombre, ce

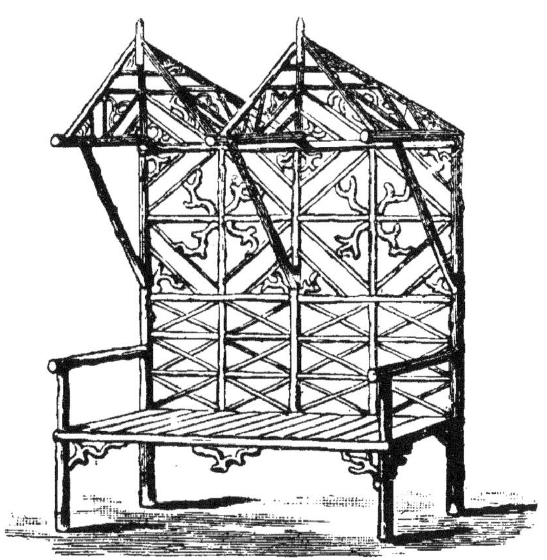

Fig. 58. — Banc de jardin à auvents.

modèle de siège permet de se la procurer, car il est facile de faire venir des plantes grimpantes sur le dossier et les auvents ; on pourrait également doubler ces parties du banc avec de la forte toile rayée. La figure 58 n'est pas faite aux mesures, mais les diagrammes explicatifs (fig. 59 à 64) sont établis à l'échelle de 24 millimètres par mètre. Les montants et les parties principales seront, de préférence, faits avec du petit mélèze ; quant aux petites baguettes droites, ce sera du noisetier, du bouleau ou de l'osier. Ce dernier bois, dépouillé de son écorce, et employé seulement dans quelques parties, formera agréablement contraste avec les autres plus foncés. Pour remplir les intervalles du dossier et des auvents, on se servira de morceaux de branches tordues, de pommier, vraisemblablement.

Les deux montants A, sur lesquels porte presque tout le poids,

Fig. 59. — Vue de face du banc de jardin.

devront être enfoncés dans le sol, d'une profondeur d'au moins 65 centimètres. Ils auront une hauteur de 1 m. 65 au-dessus de la ligne de terre, et seront à une distance, mesurée entre leurs centres, de 1 m. 35. Les petits montants (qui sont marqués B) supportant le siège sont placés à 45 centimètres en avant des premiers et sont enfoncés de 35 centimètres dans le sol. La pro-

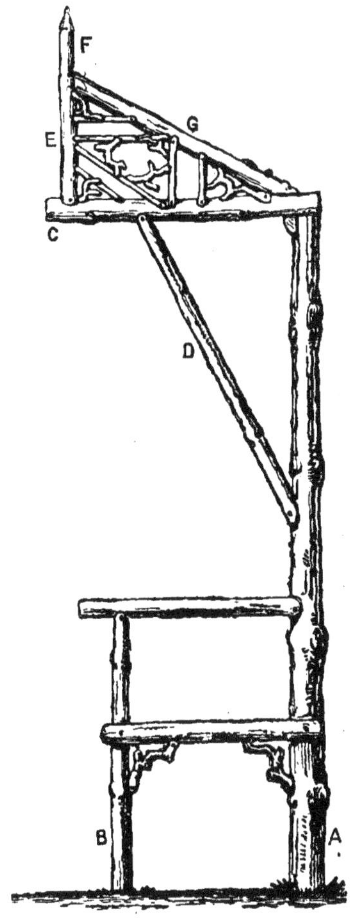

Fig. 60. — Vue de côté du banc de jardin.

fondeur de siège ainsi obtenue est indispensable pour le confort lorsque le dossier est droit, comme dans le cas actuel.

On cloue sur les grands montants deux traverses principales. La plus basse, faite d'une branche fendue en deux, est à 37 centimètres du sol et maintient le dossier du siège. L'autre est tout près du haut des montants et soutient la partie postérieure des auvents. Ceux-ci sont principalement supportés par les trois barreaux C (fig. 59) qui portent, à une extrémité, sur la tête des

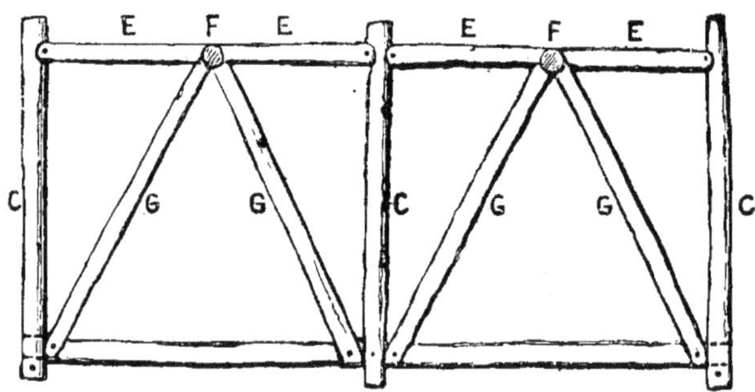

Fig. 61. — Plan des auvents du banc de jardin.

montants, et à une certaine distance de l'autre, sur les fiches de soutien D (fig. 60). La figure 61 montre en plan la disposition des principales pièces qui constituent les auvents : EE sont les

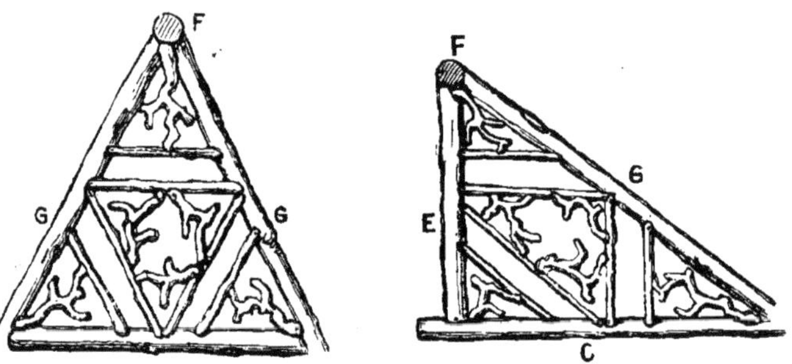

Fig. 62 et 63. — Panneaux d'auvent vus d'arrière et de côté.

chevrons des pignons, dont les extrémités inférieures reposent sur les barreaux, et les extrémités supérieures, contre le pinacle F (fig. 61). Les chevrons qui se trouvent en arrière sont marqués GG ; ils portent par l'extrémité inférieure sur la traverse, par l'autre, sur le pinacle. La figure 62 représente le remplissage des deux panneaux d'arrière des auvents; la figure 63, celui des quatre panneaux latéraux.

Le remplissage du dossier est très clairement visible sur la figure 59.

Le siège lui-même apparaît en plan dans la figure 64. Le

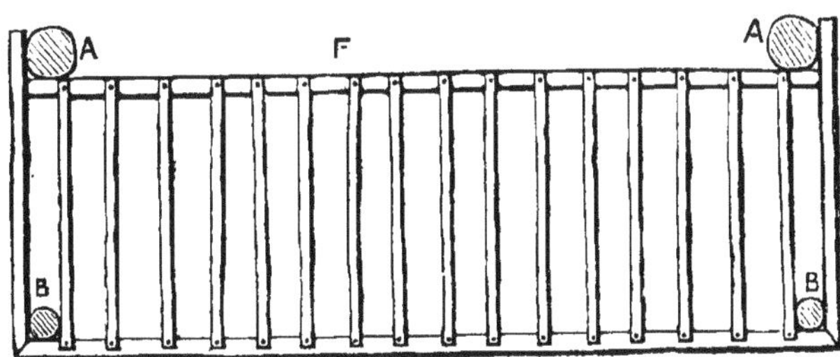

Fig. 64. — Plan du siège.

devant et les côtés sont constitués par des demi-branches clouées aux montants. Les barres qui forment le siège sont séparées par des intervalles pour éviter la moisissure. C'est pour la même raison que nous conseillerons de les faire en osier sans écorce.

CHAPITRE V

PORTES ET CLOTURES RUSTIQUES

Clôtures rustiques avec sièges et portes. — Porte cochère rustique.

Dans un grand nombre de jardins, il y a un emplacement réservé à la resserre où l'on remise les outils, les pots à fleurs

Fig. 65 et 66. — Vue de face et plan d'une solide porte de jardin.

et les objets qui ne sont plus d'un usage courant. Des massifs d'arbustes dissimulent, naturellement, plus ou moins ces constructions peu décoratives en général, mais on peut désirer isoler par une fermeture du reste du jardin cette partie spéciale. La

Fig. 67. — Vue partielle d'arrière de la charpente de la porte.

porte que représente en élévation la figure 65 est, en raison de son genre semi-rustique, tout particulièrement adaptée à cette destination; la figure 66 en donne le plan, et la figure 67, une partie de la vue arrière. Cette porte est d'une construction très simple : elle doit avoir une hauteur suffisante pour masquer la vue de côté et d'autre.

Les conditions de localité fixeront, bien entendu, la largeur que l'on doit donner à cette porte; toutefois, celle que représentent les illustrations ci-dessus (65 et 67) est établie sur un encadrement de 2 mètres au carré pour une hauteur totale de 2 m. 65. Le bois qui forme la carcasse n'a pas besoin d'être raboté. Taillez les montants qui portent la gâche de la serrure

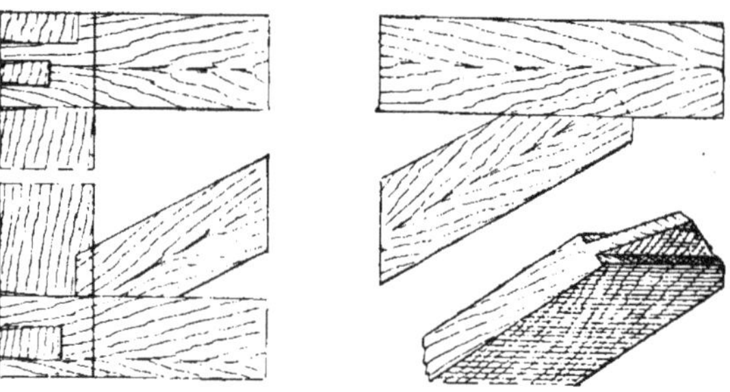

Fig. 68 à 70. — Raccords dans la charpente de la porte.

et les gonds ou les charnières de la porte dans du bois ayant 15 centimètres de large sur 7 d'épaisseur. Les trois barres ont les mêmes dimensions ; on pourra les fendre par le milieu et les

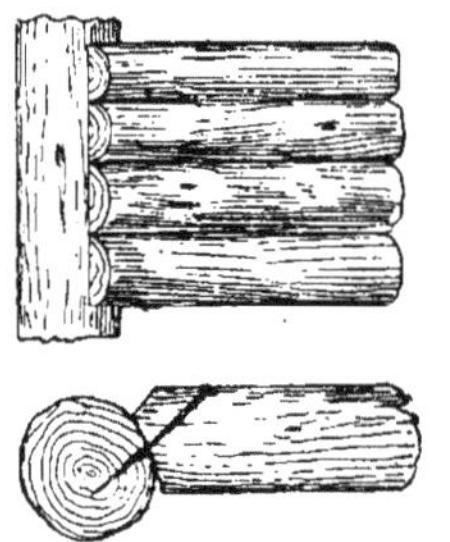

Fig. 71 et 72. — Assemblage des extrémités des branches.

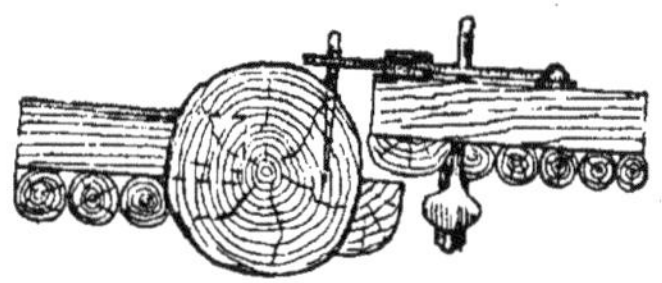

Fig. 73. — Détail de la fermeture.

assembler en queue d'aronde sur les montants, ou mieux, y pratiquer des mortaises et des tenons, et les fixer avec des coins et des attaches, ainsi que le représentent les figures 68, 69 et 70. Des morceaux de bois sont assujettis au milieu, de manière à constituer un fond sur lequel le motif rustique sera fixé ensuite, et dont la nécessité se voit fort bien sur la figure 66, où l'on remarquera que les baguettes sont posées sur l'encadrement. Chacune des baguettes porte sur celui-ci où elle peut ainsi être clouée séparément. Il est nécessaire d'avoir deux solides gonds et des crochets que l'on peut fixer à l'aide de boulons pour plus de sécurité. Commencez maintenant à fixer les baguettes encore pourvues de leur écorce ; choisissez-les aussi droites que possible et employez-les dans leur forme naturelle, sans les fendre en deux.

La préparation des joints des matériaux ronds diffère quelque peu de celle des matériaux plats ou semi-circulaires. Voyez à ce

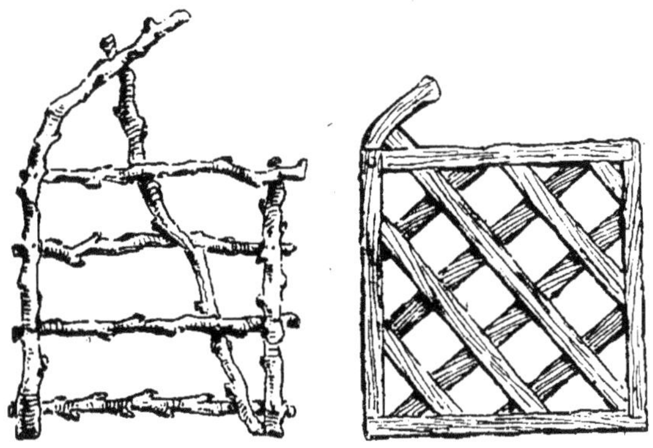

Fig. 74 et 75. — Modèles de portes rustiques.

sujet les figures 71 et 72. Fixez tout d'abord le carré extérieur, puis ensuite les deux carrés intérieurs, pour finir par le remplissage en diagonale.

Les montants ont de 22 à 25 centimètres de diamètre pour une longueur de 3 mètres, dont 1 mètre sera enfoncé dans le sol pour assurer la stabilité de l'ensemble.

Pratiquez dans les montants trois mortaises pour recevoir les barres de la clôture. Ces dernières sont clouées au ras des montants secondaires, et on met aussi des clous à travers chaque mortaise dans les montants de la porte. Ensuite, creusez les trous qui recevront les montants, en maintenant ces derniers à la distance voulue l'un de l'autre à l'aide de voliges clouées à leur partie supérieure et au niveau du sol tandis qu'on les enfonce. Un mélange de deux parties de briques concassées et d'une partie de ciment de Portland fera de bons massifs pour assujettir les montants.

Il sera bon d'attendre de huit à quinze jours avant de poser la porte sur ses gonds. Alors, elle pourra être bien équilibrée entre les deux montants ; on marquera soigneusement, ensuite, l'emplacement de la gâche de la serrure, et des crochets. On formera sur les montants un chanfrein pour la porte en clouant sur le rebord de ceux-ci une baguette fendue, comme le montrent les figures 67 et 73. Pour terminer, on peut enfoncer en terre

Fig. 76 et 77. — Modèles de portes rustiques.

un petit pieu qui, pourvu d'un crochet, servira à tenir la porte grande ouverte.

Les figures 74 à 77 donnent des modèles appropriés de petites portes de jardin. Le bois avec lequel on fera les portes aux modèles 76 et 77 devra être dépouillé de son écorce. Les barres principales et les montants ont une épaisseur de 5 centimètres environ ; les morceaux du remplissage ont de 3 à 5 centimètres, fendus au milieu, et on les cloue ensemble à leur point d'intersection. Les raccords pourront être dissimulés sous des bossettes de bois raboté (voir la figure 77). Si la porte doit pouvoir être enlevée à volonté, fixez un crochet au montant sur lequel se trouvent les gonds, qui s'engagera dans un piton placé dans le raccord, et dans le bas une cheville qui tournera dans une charnière. Il sera alors facile de retirer la porte en la dégageant des points d'appui. Vernissez le bois quand tout est achevé.

Quant aux clôtures rustiques, on peut les faire comme l'indiquent les figures 78 à 80.

Le treillage de jardin que représente la figure 81 constituera

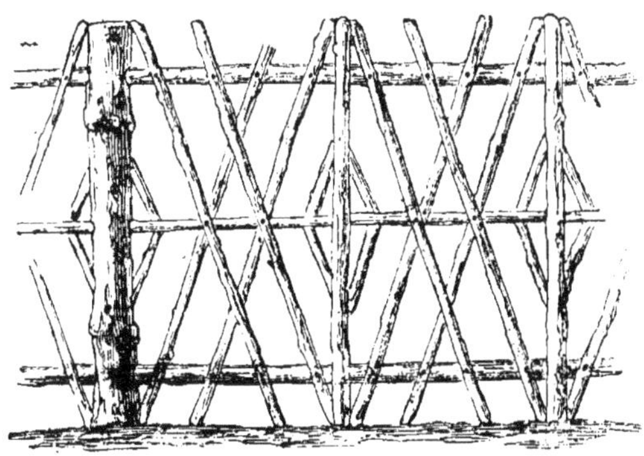

Fig. 78. — Modèle de clôture.

un attrait de plus pour une propriété dans un faubourg ou à la campagne. S'il s'agit de maisons neuves, le fait même qu'il s'y trouve une décoration de ce genre pourra souvent en faciliter

Fig. 79. — Modèle de clôture.

grandement la vente ou la location. Le tout comporte une longueur de 6 m. 50 environ, mais on peut aisément en modifier les dimensions de manière à l'adapter suivant les circonstances. On peut se servir comme matière première de sapin ou de branches et baguettes à écorce de tout autre bois droit. Les montants ont 4 mètres de haut ; les quatre qui constituent l'arche ont 10 centimètres de diamètre, les autres, 7 ou 8 centimètres seulement. Les barres ont un diamètre de 7 centimètres et les branches pour le treillage, de 4 à 5 centimètres. Le siège qui est sous le berceau a 2 mètres de long et 45 centimètres de large.

La position des sièges et des montants, ainsi que celle des soutiens A, B et C, est clairement indiquée sur le plan (voir la figure 82). La disposition des doubles montants contribue efficacement à augmenter la solidité du cadre de l'ensemble et rend inutile l'emploi de soutiens longs. Les soutiens sont placés à

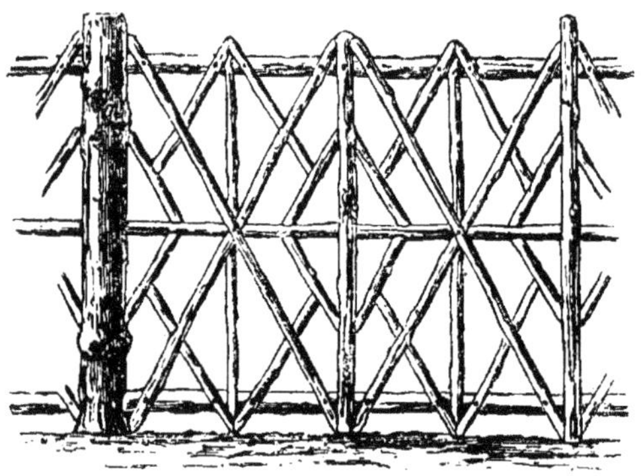

Fig. 80. — Modèle de clôture

1 m. 15 au-dessus du sol et inclinés à 50°. Les montants sont enfoncés dans le sol jusqu'à un mètre de profondeur et bien calés au moyen de blocage.

On trouvera peut-être un certain avantage à monter entièrement le berceau avant de le mettre en place, car il est alors plus facile de raccorder les petites barres et les fiches de soutien. Dans les autres parties de l'ouvrage, sauf à la porte elle-même, les joints et les raccords sont de la plus grande simplicité. Les extrémités des barres sont taillées en biseau et fixées dans des entailles pratiquées sur les montants ; on les cloue enfin comme le montre la coupe du treillage qu'est la figure 84.

Après avoir dressé la carcasse dans la position qu'elle doit occuper, enfoncez tout d'abord et équilibrez bien et profondément les soutiens, puis ébrasez suffisamment les extrémités supérieures, que vous clouerez aux montants à la hauteur voulue. Assujettissez de même les petits pieux qui supporteront le siège, les enfonçant d'environ 50 centimètres en terre. Ceux de ces pieux qui se trouvent aux extrémités du siège seront cloués aux montants placés à côté, et ceux du milieu, aux barres anté-

Fig. 81 et 82. — Vue d'ensemble et plan du treillage rustique avec sièges et porte.

rieure et postérieure. Les lattes qui constituent le siège sont des branches fendues en deux dont la face plane sera placée en dessous et clouée aux barres qui les supportent (voir figure 83). La figure 85 est une coupe agrandie du dossier du siège montrant la manière d'assujettir les petites branches aux barres. Lorsque les autres morceaux de bois auront été placés et fixés verticalement à la partie inférieure et que le treillage sera en place au-dessus, cette portion du travail sera achevée.

La porte, que la figure 86 représente agrandie, avec un motif alterné, a 1 m. 25 de large et 1 m. 40 de haut. Les montants d'encadrement ont une longueur de 1 m. 60 et un diamètre d'environ 7 centimètres ; ils doivent être aussi droits que possible et débarrassés de toutes rugosités. Les barres auront un diamètre minimum de 6 centimètres ; elles seront disposées de

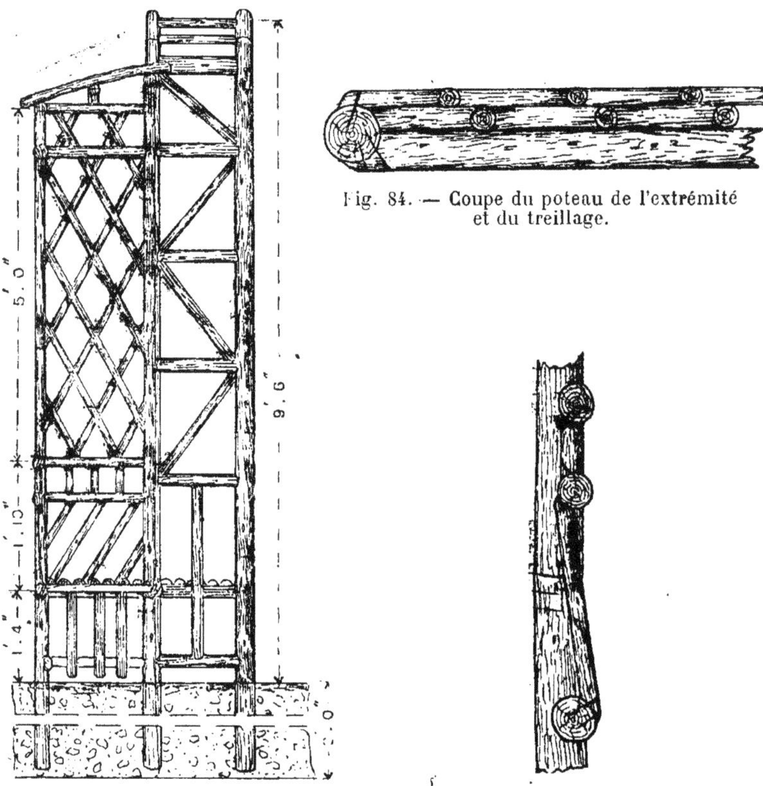

Fig. 83. — Coupe verticale du treillage rustique.

Fig. 84. — Coupe du poteau de l'extrémité et du treillage.

Fig. 85. — Détail du dossier du siège du treillage.

manière à s'adapter exactement aux montants, et assujetties à l'aide de goujons en bois dur, de 3 centimètres de diamètre, de la façon que représente la figure 26.

Les fiches de soutien obliques qui se trouvent dans le panneau du haut devront être mises en place avant que les barres et les montants soient définitivement fixés. De même, on clouera les branches placées verticalement qui constituent le panneau inférieur avant de fixer les barres aux montants. Pour tenir la porte en place, on se servira de crochets et de pitons forgés ordinaires qui seront retenus aux montants de la porte et de l'encadrement respectif par des écrous et des rondelles, comme le montre la coupe horizontale agrandie qu'est la figure 87.

On pratiquera, dans le montant, une mortaise qui recevra le

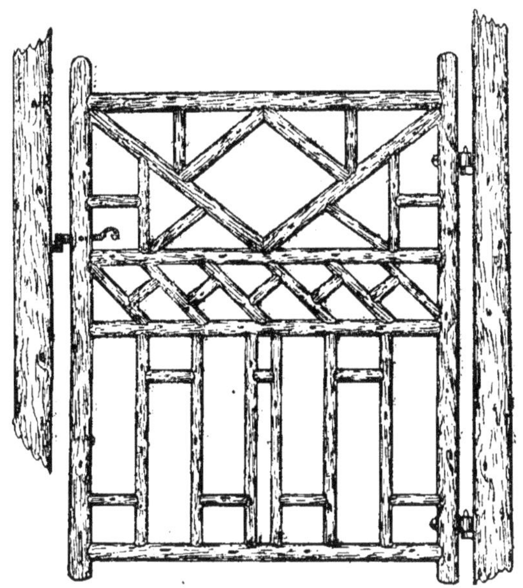

Fig. 86. — Modèle alterné pour une porte.

loquet ; quant à la gâche, ce sera un simple crochet forgé avec une entaille, et une partie en pointe que l'on enfoncera dans le montant (fig. 88).

La figure 89 représente une porte cochère rustique. L'arcade rustique qui domine la porte est destinée, naturellement, à être plus ou moins garnie de plantes grimpantes. Ce sont certainement des roses qui feront le meilleur effet, bien que des clématites et du chèvrefeuille ne soient pas non plus à dédaigner au point de vue décoratif. Le lierre paraîtrait trop lourd et a, du reste, besoin de beaucoup de soins pour ne pas prendre un trop grand développement. Si légère que semble l'arcade, les quatre montants groupés en vue de former la tourelle de chaque côté sont attachés et réunis de telle sorte qu'ils constituent par leur ensemble un solide pilier de 75 centimètres de côté capable de résister à tous les chocs. Pour ne pas amener de confusion, nous n'avons pas indiqué, dans l'élévation qu'est la figure 89, la partie plus reculée de l'arcade bien que, de toute nécessité, quelque chose en soit visible du devant; les deux côtés sont

Fig. 87. — Mode d'accrochage et de fermeture de la porte.

identiques. Les figures 89 et 90 sont à l'échelle de 4 centimètres au mètre. Les montants, et, tout au moins, les pièces droites les plus importantes, devront être du mélèze. Le bois choisi pour le remplissage devra, d'autre part, présenter de pittoresques sinuosités. Peut-être que de petites branches de chêne dépouillées de leur écorce conviendront le mieux à cet effet.

Sur le plan de la tourelle de gauche (fig. 90), on verra que les montants employés — quatre à chacune des extrémités — ont

Fig. 88. — Gâche pour la porte.

un diamètre de 12 à 15 centimètres et que le plus grand a été choisi pour supporter la porte elle-même. Ils sont l'un de l'autre à une distance de 75 centimètres, mesurée entre les centres. Leur longueur est de 4 m. 35, c'est-à-dire 3 m. 40 au-dessus du sol et 95 centimètres au-dessous. Les chevrons de l'arcade s'en détachent à 2 m. 35 au-dessus de la ligne de terre, et, à ce point, chaque montant est entouré d'un chapeau formé de quatre morceaux de bois divisés par quartiers qui y sont cloués. Les chevrons ne sont pas fixés au moyen de mortaises aux montants ; mais si, au lieu d'être simplement cloués, ils sont assujettis avec une vis à écrou, le raccord sera beaucoup plus solide.

Les chevrons du sommet, devant et derrière, sont reliés par cinq traverses droites dont les extrémités sont visibles sur la

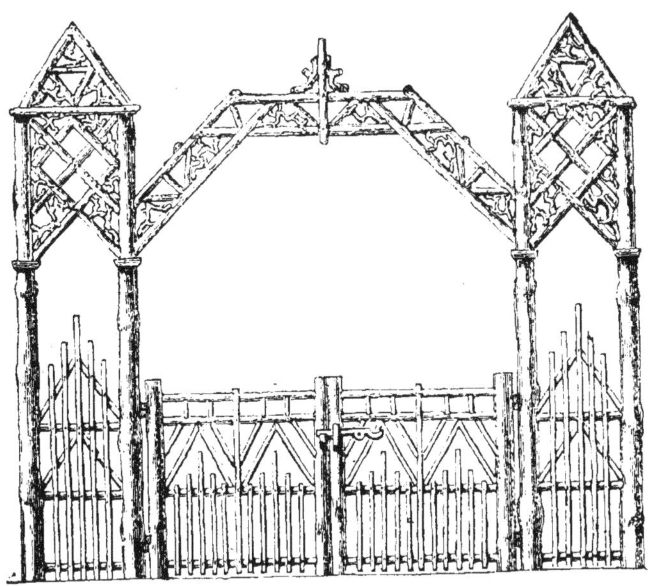

Fig. 89. — Élévation de porte cochère rustique.

figure 89. Les espaces intermédiaires sont remplis avec des branches tortueuses placées au gré du travailleur.

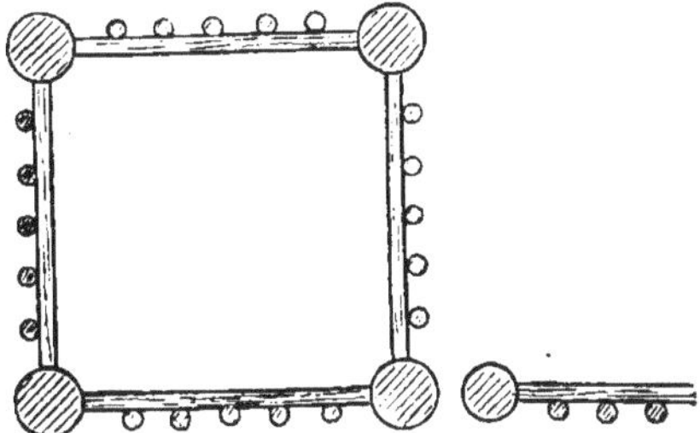

Fig. 90. — Plan du côté gauche de la porte cochère rustique.

Les quatre montants de chaque tourelle sont réunis fortement un peu au-dessous du sommet au moyen de traverses clouées extérieurement, tandis que de leurs extrémités supérieures, quatre courts chevrons s'élèvent obliquement, cloués sur ceux-ci, et se rencontrent en formant une sorte de pyramide qui sert de couronnement à la tourelle. Le remplissage des parties supérieures des tourelles, ainsi, d'ailleurs, que de celles du devant et du derrière de l'arcade, est composé de bois droits et de branches noueuses dont la disposition est clairement représentée par la figure 89, qui est l'élévation du tout.

Les parties basses des tourelles et des portes devront être établies de telle sorte qu'elles empêchent des animaux de passer. Les palissades sont disposées de telle manière qu'il n'y a pas d'intervalle plus grand que 7 cm. 5. Il va sans dire que les barres des portes doivent être assujetties au moyen de mortaises aux montants de chaque extrémité.

CHAPITRE VI

TREILLAGE DE ROSERAIE

La construction rustique représentée ci-dessous est essentiellement un treillage sur lequel on fera grimper des roses de manière à former une promenade ombreuse et parfumée, et à contribuer, d'une façon générale, à l'ornementation du jardin. On peut très aisément l'adapter de manière à en faire une voûte fleurie reliant la porte de l'habitation à l'entrée sur la rue ; on en trouvera la description dans les pages qui suivent.

En fait de matériaux, on ne se sert que de bois brut recouvert de son écorce. Pour former les montants, on choisira des troncs de sapin d'une espèce ou d'une autre ; cependant, il faut accorder la préférence au mélèze, aussi bien au point de vue de la durée qu'en raison de sa bonne apparence. Tous les petits morceaux de bois qui sont vus droits pourront être de la même essence que les montants, bien que le noisetier soit ce qui convient le mieux pour les petites baguettes. On verra que, rien que dans le remplissage, on se sert de beaucoup de branches noueuses ; pour cet usage, le bois du pommier, et même toute espèce de bois, convient parfaitement.

Le treillage de roseraie (fig. 91) a 1 m. 35 de large, et l'ensemble de la construction est supporté par deux rangées de piliers ou de portants placés à intervalles de 1 mètre, enfoncés de 65 centimètres dans le sol et soigneusement calés. Ils devront avoir un diamètre moyen de 8 ou 9 centimètres, sauf celui qui est au milieu de chaque groupe de trois et que l'on voit isolé sur la figure 91, dans la partie supérieure. Ces piliers peuvent être plus petits parce qu'ils ont un poids moindre à supporter et

Fig. 91. — Élévation du treillage de roseraie.

qu'ils feront meilleur effet que s'ils étaient de la même taille que les autres. La barre longitudinale ou « sablière » (AA de la fig. 92) est posée sur la ligne des piliers ; la partie supérieure se

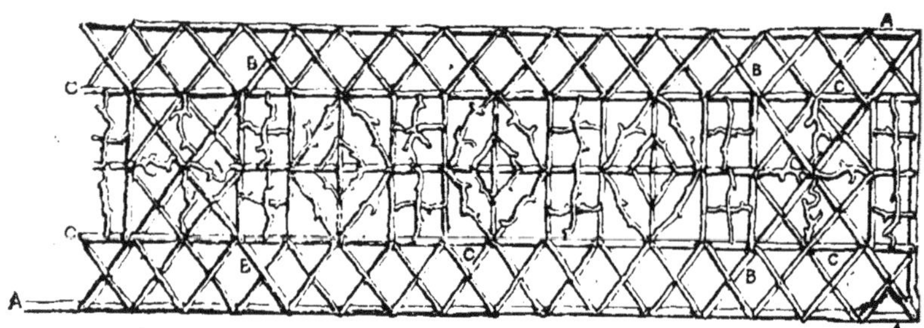

Fig. 92. — Plan du toit du treillage de roseraie.

trouve à 1 m. 80 du sol. Dans chaque groupe de quatre grands piliers se trouvent quatre chevrons (BB de la fig. 92) qui se rencontrent au sommet en forme de pyramide. Ils s'élèvent à une hauteur de 2 m. 50 au-dessus de la ligne de terre ; ils doivent, par conséquent, avoir une longueur de 1 m. 10. Au milieu de ceux-ci — c'est-à-dire, à 2 m. 15 au-dessus du sol, — on cloue dessus les barres marquées CC sur la figure 92.

Les figures 91 et 92 montrent comment est rempli l'intervalle compris entre la sablière A et la barre C ; la figure 92 indique comment l'espace, de 2 m. 45 de long, qui s'étend entre deux portions pyramidales consécutives est couvert par un toit plat en travail rustique à jour reposant sur les barres C. On remarquera

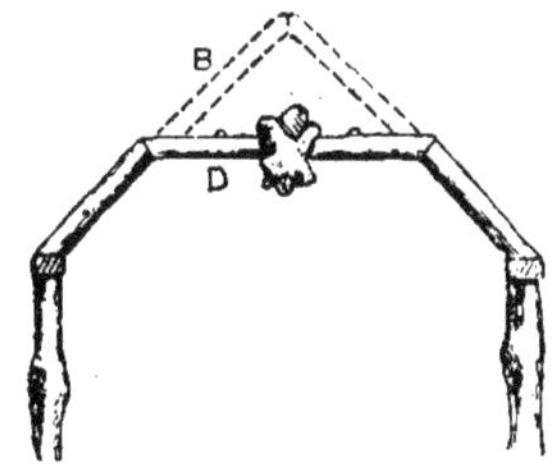

Fig. 93. — Entrée du treillage de roseraie.

que cet espace est surtout rempli au moyen de branches noueuses.

La figure 93 représente la partie supérieure du treillage vue à l'une de ses extrémités et explique la forme que doit présenter la coupe du toit ; les parties ombrées indiquent la forme du toit aux endroits les plus bas, tandis que si l'on suppose enlevée la traverse D (qui se trouve au niveau des barres C), les lignes pointillées B B représenteront la coupe médiane de l'une des parties les plus élevées en forme de pyramide.

Au centre de l'entrée, on pose un nœud de bois ou un morceau de racine.

Le remplissage des côtés du treillage de roseraie est clairement représenté par l'élévation qu'est la figure 91. Pour la mieux garantir de l'humidité, on devra ne commencer cette partie du travail qu'à 10 centimètres du sol.

Si l'on doit exécuter ce modèle pour un passage complètement couvert avec une toiture métallique ou faite en matériaux légers, on fera bien de mettre toute la couverture au niveau des parties en pyramide ; on placera donc un faîtage ; et les chevrons, au lieu d'être disposés comme nous venons de le voir, se rejoindront deux par deux en face des piliers. Au lieu de vous servir de matériaux ronds (branches), prenez aussi, pour faire les chevrons et les barres C, du bois scié par le milieu, dans sa longueur, la section étant placée en haut. L'espace compris entre le faîtage et la barre C peut alors être rempli comme l'a été celui qui se trouve entre cette barre et la sablière.

CHAPITRE VII

PORCHES RUSTIQUES. — PORCHES DE COTTAGES

Le porche rustique représenté vu de face par la figure 94 et dont la figure 95 donne la coupe verticale est exécuté en bois rustique droit et absolument sec dépouillé de son écorce. Ce modèle convient parfaitement pour une ferme ou un cottage. Le porche est de grandes dimensions et comporte des sièges des deux côtés. On ne les voit pas sur les élévations, mais l'un des côtés est représenté dans le plan partiel (fig. 96).

Les sièges sont à 50 centimètres de hauteur et ont une largeur de 40 centimètres. Les lattes ont 4 centimètres de large pour 4 à 5 centimètres d'épaisseur; elles sont supportées par des traverses fixées aux piliers de devant et au mur; une latte médiane est assujettie au panneau central et portée par une applique allant obliquement du devant du siège au sol. La surface planchéiée a 2 m. 40 de large, et 1 m. 65 de longueur à partir du pied du mur.

Les piliers ont 2 m. 50 de long pour un diamètre de 10 centimètres. Il est bien préférable de poser les piliers de devant dans des douilles en métal encastrées dans la pierre qui constitue le seuil. Les piliers latéraux ont de 7 à 8 centimètres de diamètre. Un poteau de 12 centimètres de diamètre, scié en son milieu, dans la longueur, fournit les piliers qui sont adossés au mur, contre lequel est fixé le côté sectionné; le côté opposé aura été préalablement percé pour recevoir les clous nécessaires.

Les barres sont assujetties aux piliers au moyen de tenons qui sont fixés dans des trous de 4 centimètres de diamètre percés dans les piliers et aux extrémités des barres. Ces extrémités sont également entaillées de manière à s'adapter approximativement

Fig. 94. — Vue de face d'un porche de cottage.

aux piliers (voir la fig. 97). La barre inférieure est à 25 centimètres au-dessus du sol, tandis que la barre médiane se trouve à une hauteur de 1 m. 10. Celle qui est immédiatement au-dessous de cette dernière en est séparée par un intervalle de 25 centimètres (voir la fig. 95).

Les extrémités supérieures des piliers de devant sont creusées et munies de goujons insérés pour recevoir la barre de façade. Les six piliers latéraux sont équarris du haut et sont pourvus de tenons qui prennent dans les lames. Les extrémités antérieures de celles-ci sont fixées par des entailles à la barre supérieure du

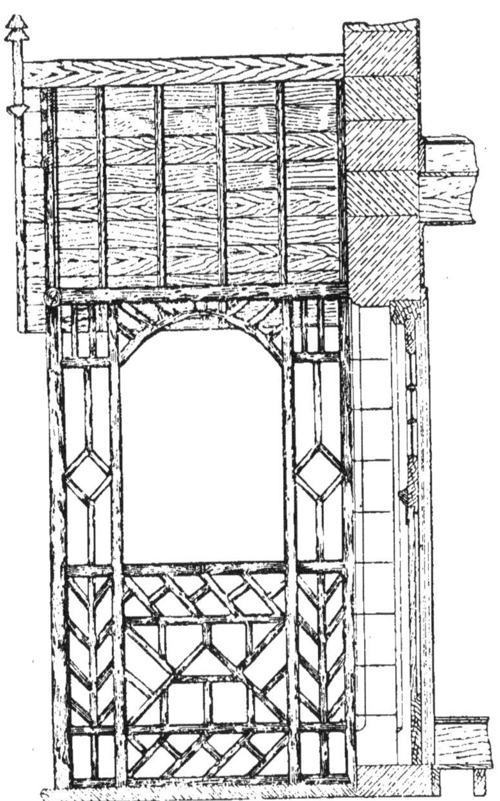

Fig. 95. — Coupe verticale du porche de cottage.

devant du porche. Les chevrons ont 1 m. 80 de long sur 8 centimètres d'épaisseur et 5 centimètres de largeur; ils sont préparés, chanfreinés, et taillés en bec pour prendre les lames, comme le montre la figure 98. Le faîtage, de 10 centimètres de hauteur pour 4 centimètres d'épaisseur, fait saillie de 1 m. 70 sur le mur. C'est sur l'extrémité antérieure du faîtage qu'est fixé le motif du sommet, qui a 5 centimètres au carré. Les chevrons sont couverts par des planches de 3 centimètres d'épaisseur, préparées, aux joints en V, pourvues d'une rainure et d'une languette ; elles

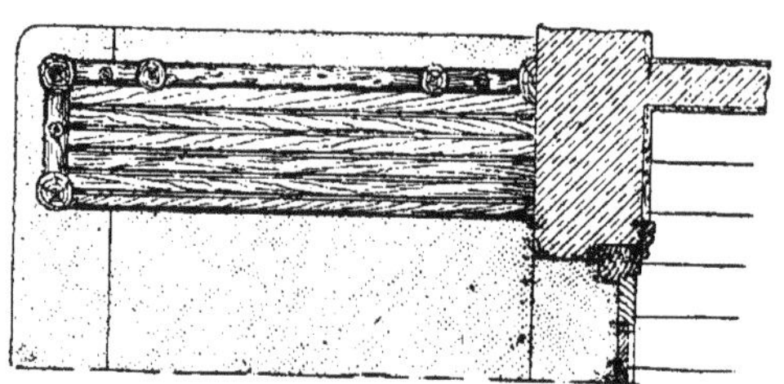

Fig. 96. — Plan partiel du siège et du plancher du porche de cottage.

seront coupées à la longueur de 1 m. 75 et posées, soit horizontalement soit perpendiculairement, sur les chevrons.

Le toit pourra être couvert d'ardoises, ou de tuiles, ou encore, de chaume. La figure 99 représente un plan partiel du toit. Une coupe agrandie de l'angle antérieur du pignon est donnée figure 100. Deux planches, ayant chacune 40 centimètres de large

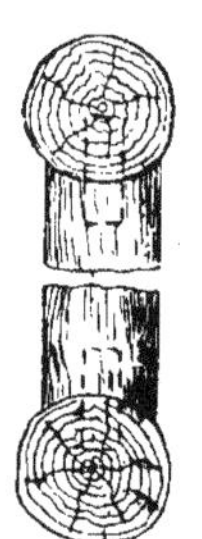

Fig. 97. — Coupe du porche de cottage au pignon.

Fig. 98. — Détail agrandi du porche de cottage au larmier.

et 3 centimètres d'épaisseur, sont fixées aux chevrons extérieurs et courent parallèlement à ceux-ci. Les extrémités des deux planches aboutissent à la barre supérieure de devant sur laquelle on les cloue. Le motif du sommet, formé d'une branche fendue ayant l'apparence d'une arête, est également cloué à ces planches. Sur le bord intérieur des planches, on fixe les baguettes d'un diamètre de 4 centimètres environ, qui sont chanfreinées de manière à s'adapter aux rebords, comme le représente la figure 100. Les extrémités des planches du toit qui forment saillie en avant sont dissimulées par des baguettes fendues, de 5

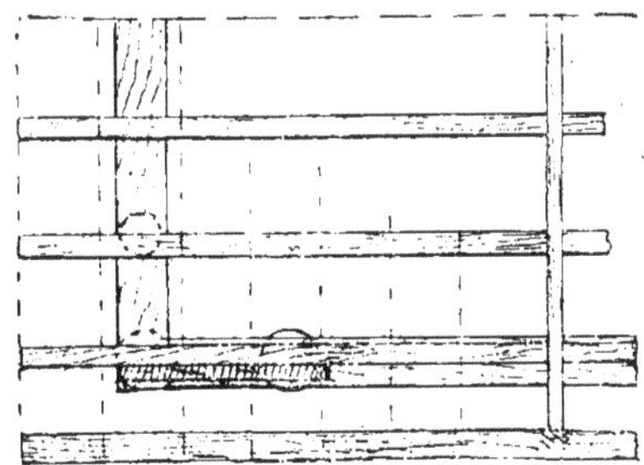

Fig. 99. — Plan partiel de la toiture du porche de cottage.

à 7 centimètres de diamètre, qui font office de bordure de pignon, comme on le voit en A de la figure 100.

Les panneaux doivent alors être remplis avec des matériaux ayant un diamètre variant entre 4 et 6 centimètres. Les branches

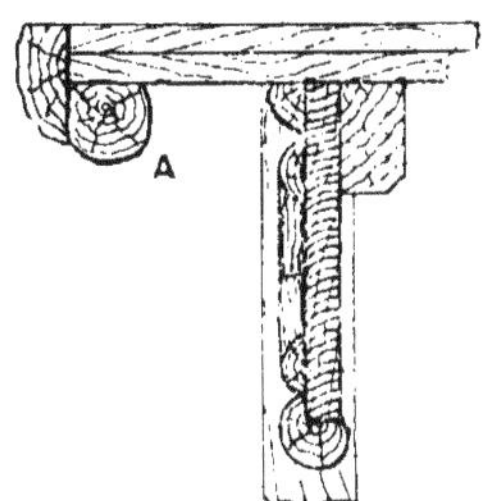

Fig. 100. — Coupe du pignon du porche de cottage.

qui sont placées verticalement entre les piliers et les barres devront être mises en place avant que ces dernières soient définitivement ajustées aux piliers. Leurs extrémités seront grossièrement creusées, puis fixées au moyen de pointes fines. Les éléments verticaux de l'ornementation pourront être disposés de telle sorte que leurs bords placés à l'intérieur coïncident avec le milieu des barres. La partie la plus grosse des branches se trouvant à l'extérieur, leur plus faible diamètre portera alors les bords antérieurs du motif au niveau des bords plus larges des barres. Les branches en arête et celles que l'on pose en diagonale sont bien faciles à ajuster ; leurs extrémités sont simplement disposées par paires et suffisamment raccourcies pour pouvoir prendre la position qui convient dans les panneaux.

L'effet décoratif du porche sera grandement accru si l'on ajoute une porte assortie comme style, ainsi que le représente la figure 94 en élévation.

Le prix de revient d'une de ces portes ne dépasse que de très peu celui d'une porte ordinaire à six panneaux. Les tessons qui figurent dans le panneau de verre du haut constituent une caractéristique originale dans l'ensemble.

CHAPITRE VIII

PORTIQUE RUSTIQUE POUR BALANÇOIRE

La figure 101 est une vue d'ensemble du portique rustique et de la balançoire, et la figure 102, une vue de côté, d'un modèle

Fig. 101. — Vue d'ensemble du portique rustique à balançoire.

un peu plus orné que celui qui est représenté par la figure précédente, mais dont les éléments principaux sont, toutefois, exactement les mêmes.

Les matériaux employés sont des branches de sapin dépouillées de leur écorce. Il en faut six pour les montants.

Les piliers du milieu sont d'un diamètre un peu plus grand,

Fig. 102. — Vue de côté du portique rustique à balançoire.

parce qu'ils doivent supporter la traverse supérieure qui porte la balançoire ; un diamètre de 15 centimètres à la base et une hauteur de 3 m. 30 à 4 mètres sont de bonnes dimensions. Les piliers extérieurs auront environ 15 centimètres de diamètre à la partie inférieure.

Les piliers sont fixés au moyen de tenons (voir la figure 103) à des seuils en orme ayant 3 m. 50 de long sur 20 centimètres de diamètre. Il y a des tenons aux deux extrémités des piliers, et des selles ainsi que des mortaises sont pratiquées dans les seuils et dans les barres supérieures pour les recevoir.

Les barres courtes ont 10 centimètres de diamètre et 1 m. 15

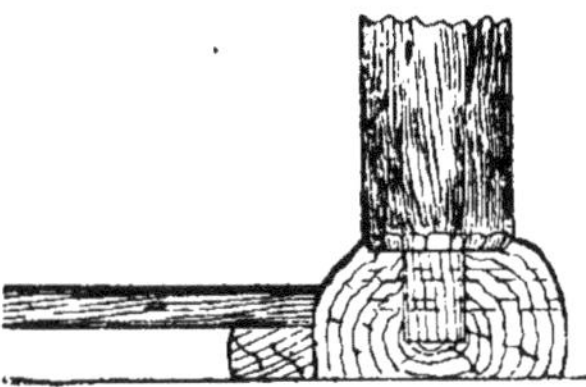

Fig. 103. — Assemblage du poteau médian du portique au seuil.

de long, et sont assujetties avec des tenons et des fiches aux piliers à une hauteur de 2 m. 20 au-dessus du sol. Les fiches de

Fig. 104. — Détail des assemblages des barres, des fiches de soutien et des poteaux du portique rustique.

soutien sont assemblées de la même manière aux piliers du milieu et aux seuils, comme on le voit par la figure 104 où l'on remarquera que les fiches de soutien sont d'une seule pièce, et les attaches en deux morceaux, ces dernières étant évidées à leur extrémité de manière à s'adapter exactement dans les angles et sur les fiches de soutien.

Lorsque tous les éléments de la construction sont prêts pour l'assemblage final, il n'y aura plus qu'à mettre les tenons des barres sur les montants; les fiches de soutien et les attaches sont ensuite mises en place et fixées, puis on pose le seuil et la

Fig. 105. — Assemblage des barres aux poteaux du portique.

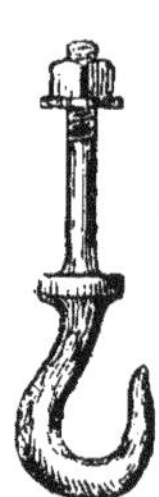

Fig. 106. — Crochet pour portique

barre supérieure; pour terminer, les différents joints sont assujettis avec des fiches de chêne. Cette dernière opération sera plus facile à faire quand le tout sera posé horizontalement. Les

Fig. 107. — Œillet pour portique.

Fig. 108. — Vue de face du siège à balustrade.

deux côtés étant ainsi complétés, on pourra les placer verticalement et les fixer avec des voliges provisoires disposées à des intervalles de 2 m. 50, tandis que les traverses supérieures seront posées définitivement.

La traverse médiane qui porte la balançoire a 15 centimètres de diamètre et 2 m. 80 de long. On fait une « selle » sur les barres, et un autre creux sur les barreaux, qui sont fixés à l'aide de boulons de 2 centimètres de longueur; ils sont placés dans les montants à une distance de 20 centimètres de l'extrémité supérieure, comme on le voit par la figure 105, qui est une coupe à travers la barre auprès du barreau du milieu. On peut aussi assujettir de courtes fiches de soutien entre les montants et la traverse, comme dans la figure 105 ; elles ne sont pas portées sur la figure 101. Un plancher est établi au moyen de solives fixées aux seuils. Le treillage des côtés et du dessus est ensuite mis en place. Il est fait avec des branchages de 4 à 5 centimètres de diamètre.

Les crochets de la balançoire (fig. 106) traversent les barres

Fig. 109. — Vue de côté du siège à balustrade.

Fig. 110. — Manière de fixer la corde sur l'œillet.

et sont assujettis à l'aide de boulons et de rondelles. Il faudra faire forger un collet sur la tige pour empêcher que les crochets pénètrent trop avant dans le bois quand on serre les écrous. La tige des crochets pourra être garnie de fil à la poix ; quant aux crochets, ils auront un diamètre de 3 centimètres à la partie la plus forte. La corde de chanvre est passée en épissure autour d'un œillet en fer galvanisé (voir figure 107) qui s'adapte sur le crochet. Pour attacher la corde au siège, on se contente généralement d'en nouer l'extrémité.

Dans le cas où la balançoire doit servir à de très jeunes enfants, il est nécessaire de mettre un siège muni d'une balustrade, comme le montrent les figures 108 et 109 qui sont, respectivement, une vue de face et une vue de côté. La barre d'arrière et les barres latérales sont fixées au siège par les montants, mais la barre de devant est posée en tenon dans des mortaises ouvertes pratiquées dans les barres latérales, de sorte qu'elle peut s'ouvrir et se refermer sur ce pivot pour permettre de placer et de retirer les enfants sur le siège. L'enfant assis, la barre de devant est maintenue fermée par une fiche de métal qui est retenue par une petite chaîne. La corde est alors passée à travers les barres à leur extrémité et nouée sous le siège. La figure 110 représente la corde passée et fixée autour d'un œillet de métal.

CHAPITRE IX

VOLIÈRE RUSTIQUE

Les dimensions extérieures de la volière rustique représentée par les figures 111 et 112 sont les suivantes : longueur : 1 m. 25 ; largeur : 0 m. 50 ; hauteur : 60 centimètres.

On prendra, pour faire le cadre, des baguettes de noisetier encore pourvues de leur écorce, et aussi droites que possible ; si elles sont un peu courbes, on peut les redresser en les passant à la vapeur, ou, si elles ne sont pas sèches, à la chaleur de la flamme d'une lampe à alcool.

On coupera d'abord quatre montants, ayant 49 centimètres de long et 1 cm. 5 de diamètre, puis six barreaux de 1 cm. 5 d'épaisseur dont les extrémités seront taillées de la forme que représente la figure 113, pour s'adapter aux montants, et dont la longueur, entre les entailles ainsi pratiquées, sera de 80 centimètres. Quatre de ces barreaux seront placés sur l'établi l'un auprès de l'autre et marqués avec une paire de compas aux endroits où devront passer les fils métalliques, à intervalles de 2 centimètres au maximum. On les perce ensuite, en traversant complètement les deux qui forment le haut de la volière, et seulement sur la moitié de leur diamètre les deux autres qui seront à la partie inférieure. Si le bois n'est pas trop dur, on peut percer les trous à l'aide d'un poinçon bien aiguisé.

Les montants sont à leur tour assujettis aux barreaux au moyen de fines pointes de 5 centimètres placées de manière à éviter les premiers trous (voir la figure 114) ; on ajoutera de la colle pour maintenir les joints et les raccords. Le barreau inférieur est au niveau des extrémités du bas ; le suivant est placé à 4 centimètres au-dessus ; quant au troisième, il se trouve à 6 millimètres des extrémités supérieures. On forme ainsi le cadre des faces antérieure et postérieure ; il faut que chacune

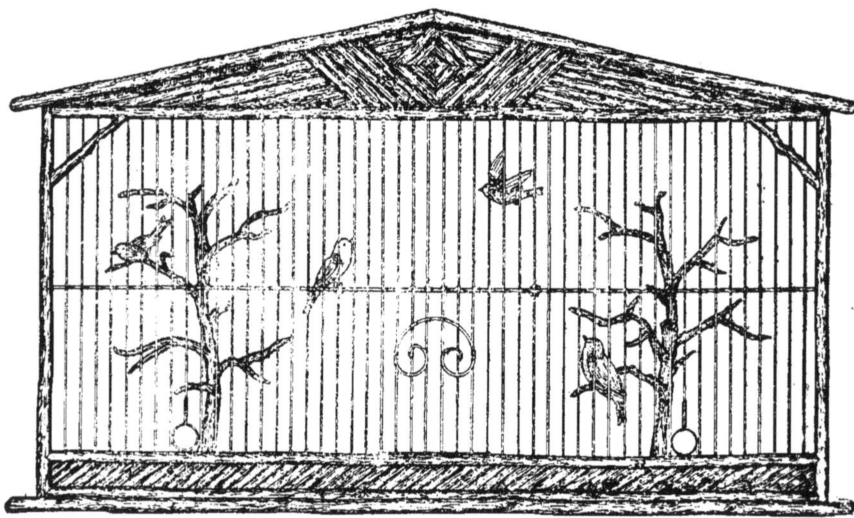

Fig. 111. — Vue de face de la volière.

soit absolument rectangulaire et bien droite. Les barreaux qui constitueront les côtés de la volière, qui sont également au nombre de six, mesurent 41 centimètres ; ils sont percés et assujettis aux montants de manière à correspondre exactement aux autres des deux faces.

Les deux barreaux qui supportent les perchoirs se placent à environ 18 centimètres des côtés. Toutefois, avant de fixer ces derniers en place, il faut les préparer. On les coupera sur une branche d'arbre dépourvue de feuilles pendant l'hiver, afin de conserver l'écorce. Pour obtenir les perchoirs absolument de la forme que l'on désire, on coupera les rameaux mal placés et on les fixera aux bons endroits avec de la colle et des pointes.

Ensuite, les perchoirs sont assujettis sur les barreaux correspondants à l'aide des mêmes raccords que ceux qui ont été employés pour les barreaux et les montants, mais avec une vis en plus pour ajouter à la stabilité de l'ensemble.

Lorsque tout est prêt, on fixe les perchoirs dans le cadre

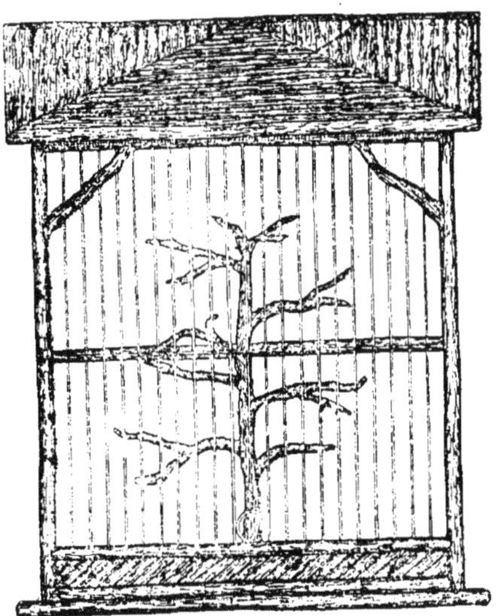

Fig. 112. — Vue de côté de la volière.

(voir les figures 115 et 116), puis, d'étroits rectangles de planchette de 6 millimètres d'épaisseur sont insérés entre les barreaux inférieurs de la face postérieure et des côtés pour recevoir

Fig. 113 et 114. — Détail du raccord des barreaux et des montants de la volière.

des morceaux de baguette fendue disposés obliquement comme on le voit par les figures 111 et 112. Le plus simple serait de faire scier mécaniquement, et à l'avance, une quantité suffisante de ces baguettes qui sont d'un emploi constant dans la décoration rustique.

Avant de clouer ces petites baguettes obliques, il sera bon de passer sur le bois une couche de couleur obtenue en diluant dans de la térébenthine du brun Van Dyck.

Le fond en bois de la volière a 1 m. 24 de long sur 0 m. 49 de large, et une épaisseur de 1 centimètre et demi; il est raboté sur ses deux faces et maintenu en place par des vis. Le dessus est bordé comme le représente la figure 115; le dessous est garni de la manière indiquée par la figure 117. On commence par le milieu le motif du dessous, qui a les dimensions suivantes : 74 centimètres sur 20; on fixe le centre en premier lieu

Fig. 115. — Plan partiel de la volière.

et on travaille en s'en écartant de plus en plus; chaque baguette est taillée en biseau comme le montre le dessin. Celles qui composent l'encadrement sont des morceaux fendus taillés obliquement à leurs extrémités où elles se raccordent à d'autres juste au niveau du bord du fond de bois, lequel est entouré de la même manière par une demi-baguette.

La partie métallique de la volière est d'un travail simple. Les fils sont passés à travers les barreaux supérieurs, et enfilés dans ceux de dessous jusqu'en bas où on les arrête sous le dernier par une légère courbure; on les coupe ensuite au niveau du barreau supérieur. Il faut ménager six trous par lesquels on donnera leur nourriture aux hôtes de la volière; ils seront disposés de la manière suivante : un au milieu de chacun des côtés, et

Fig. 116. — Coupe transversale de la volière.

deux dans chaque face, devant et derrière, tout auprès des per-

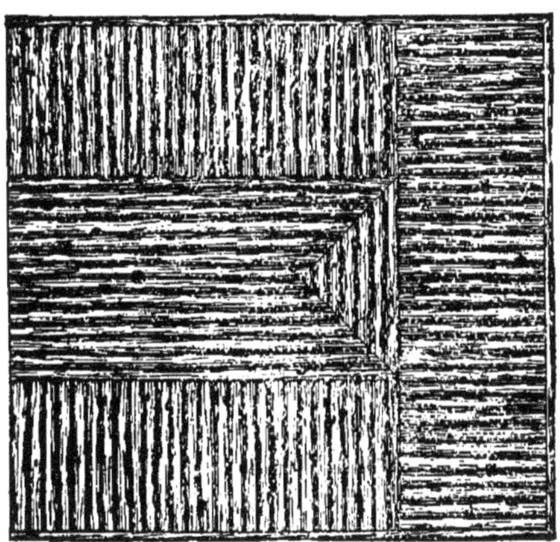

Fig. 117. — Vue de la moitié du dessous de la volière.

choirs. On passe à travers les barreaux les extrémités supérieures de ces fils; quant aux extrémités circulaires, on les

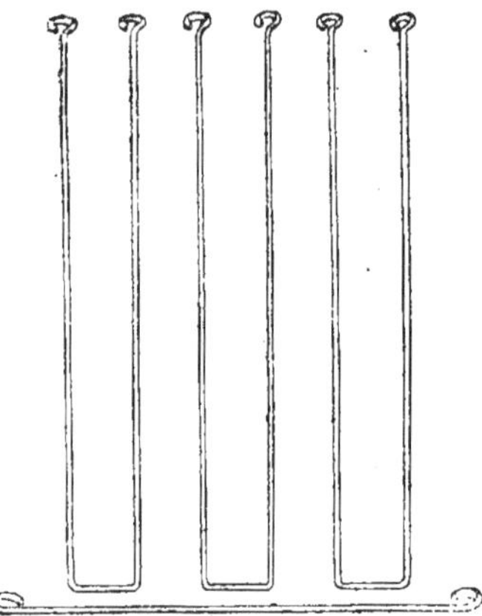

Fig. 118. — Préparation des fils métalliques pour la porte de la volière.

enfonce légèrement et on les fixe au moyen de petits crampons.

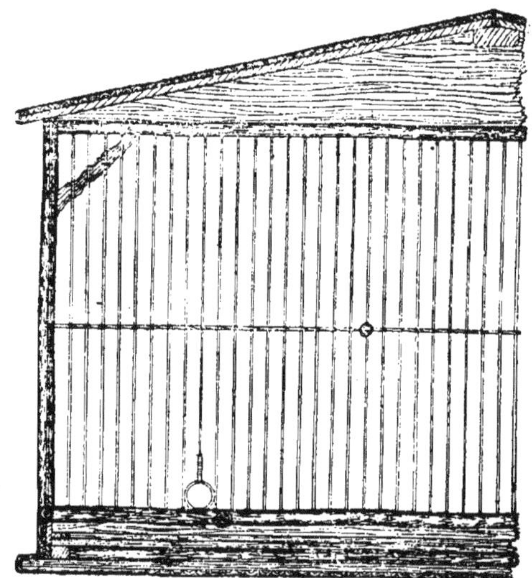

Fig. 119. — Coupe longitudinale partielle de la volière.

On ne pose pas les six fils du milieu de la face antérieure de la volière : cet espace est réservé pour la porte. Ensuite, on met en place les fils de traverse, qui doivent être d'un plus fort diamètre que les autres. Peu importe, pour la face postérieure et pour les côtés, qu'ils soient placés à l'intérieur ou à l'extérieur ; mais ceux du devant de la volière seront mis extérieurement. Les six fils qui se trouvent au-dessus de la porte sont insérés en doubles, retournés de la même manière que les extrémités inférieures de ceux qui constituent la porte (voir la figure 118), et soudés aux fils de traverse qui sont ensuite réunis aux autres au moyen

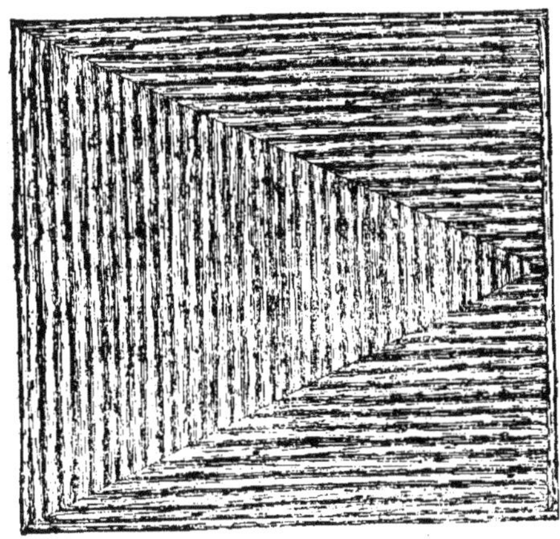

Fig. 120. — Demi-plan de la toiture de la volière.

de fil flexible fin. Lorsque l'on bâtit la porte à glissière, on soude les extrémités retournées des fils à celui qui forme la base, intérieurement, de façon que les extrémités puissent, étant roulées, s'adapter à ceux qui forment l'encadrement vertical de la porte. Les extrémités supérieures, tournées en petites boucles, glissent sur les fils placés au-dessus des fils de traverse. La porte étant en place, on soude à l'extérieur un motif d'ornementation dans le genre de celui que l'on voit sur la figure 111.

Huit pièces d'angle en bois fendu sont posées tout auprès des fils métalliques, et fixées aux montants et aux barres au moyen de pointes. On se procure ensuite deux morceaux de planche d'une épaisseur de 6 millimètres pour faire le haut ; elles mesurent 80 centimètres de long, 10 centimètres en travers au milieu et obliquent en forme de pignon ; aux deux extrémités, la hauteur ne dépasse pas 6 millimètres. C'est sur ces planchettes que se pose le motif de décoration rustique ; elles sont assujetties à l'aide de pointes enfoncées dans les barres supérieures ; les angles supérieurs des pignons sont reliés par une longue pièce de bois ayant 5 centimètres sur 2 et demi en profil (voir la figure 119). Les deux parties de la toiture, de 47 centimètres sur 52 centimètres, et 6 millimètres d'épaisseur, sont clouées à la place qu'elles doivent occuper, puis recouvertes du motif d'ornementation représenté par la figure 120.

Pour que l'on puisse nettoyer la volière, il faut y mettre un fond à coulisse ou un plateau mobile. Il est fait en planche de 6 millimètres d'épaisseur et cloué à la bande qui s'adapte entre les barres du devant ; d'autres bandes, de 2 à 3 centimètres de large, sont clouées sur le côté supérieur aux deux bouts de la volière et sur le rebord postérieur de manière à former un plateau pour le sable, des coulants étant appliqués contre les barres inférieures des extrémités. La rainure est pratiquée dans la bande antérieure. Pour faire sortir le plateau, il faudra soulever légèrement la porte pour que l'on puisse, avec les doigts, le pousser de l'intérieur. On pourrait, pour simplifier, fixer un petit anneau en dessous.

Deux perchoirs droits posés en travers sur les fils de traverse et assujettis à ceux-ci aux moyen de petits crampons ajouteront à la solidité de l'ensemble, devant et derrière.

On passe alors le tout au papier de verre fin, on met en couleur tous les endroits restés blancs, et on donne une couche de vernis partout, sauf aux perchoirs.

Cette volière pourra être mise sur une table ou suspendue au plafond, si on le préfère. Dans ce but, on met quatre pitons à vis dans le haut du pignon, deux sur le faîte, à 8 centimètres environ des deux faces, et un vers chacune des extrémités, de manière à mordre dans les barres. Les quatre crochets du dessus devront prendre dans les parties pleines du bois, et la volière sera suspendue à des chaînes.

CHAPITRE X

PASSERELLES RUSTIQUES

On peut obtenir de très heureux effets au point de vue décoratif, dans les parcs publics ou privés, par l'emploi judicieux de

Fig. 121. — Passerelle rustique.

passerelles et autres travaux rustiques d'un modèle approprié.

La figure 121 est une vue en perspective d'une passerelle rustique que l'on peut employer pour une « portée » de 2 m. 65

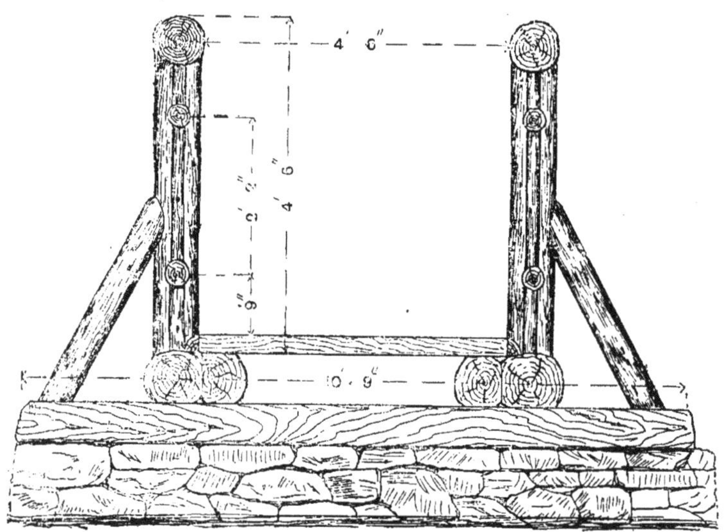

Fig. 122. — Coupe transversale de la passerelle.

à 4 mètres. Les bords du fossé qu'il s'agit de réunir sont creusés de manière à permettre la construction d'un mur bas

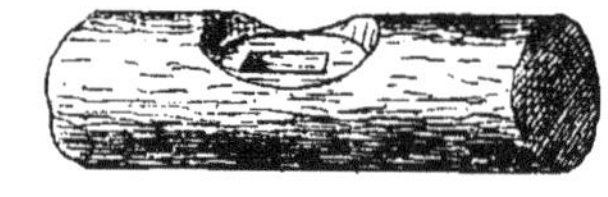

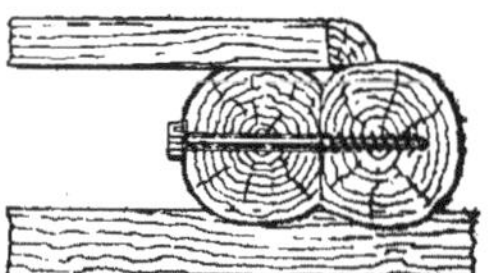

Fig. 123. — Coupe agrandie des longrines.

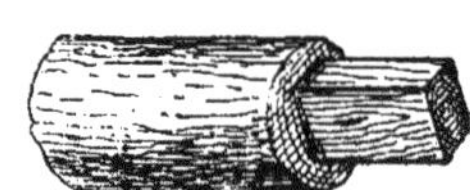

Fig. 124 et 125. — Parties du raccord du poteau et de la longrine.

en moellons, sur lequel reposent les traverses de la passerelle, comme on le voit par la figure 121. Les longrines sont formées avec des poutrelles de sapin ou de mélèze. Dans le cas qui nous occupe actuellement, on en emploie quatre ; elles pourront avoir de 20 à 25 centimètres de diamètre, suivant la portée de la passerelle. On les taille grossièrement à l'herminette de façon qu'elles puissent poser sur les traverses, et chacune d'elles est également aplanie suffisamment sur la face placée à l'intérieur de l'ouvrage. On les boulonne ensuite ensemble deux par deux au moyen d'écrous de voiture de 2 centimètres de diamètre, comme le montre la figure 123. Les poteaux sont pourvus de tenons et munis de coins de manière à s'adapter à des mortaises

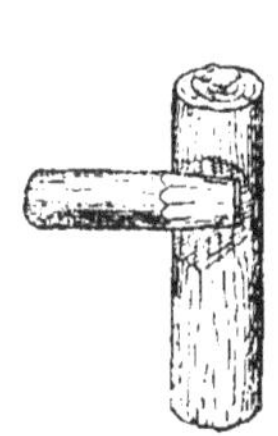

Fig. 126. — Détail du raccord de la barre médiane et du poteau.

Fig. 127 et 128. — Raccord de la fiche de soutien au poteau de la passerelle.

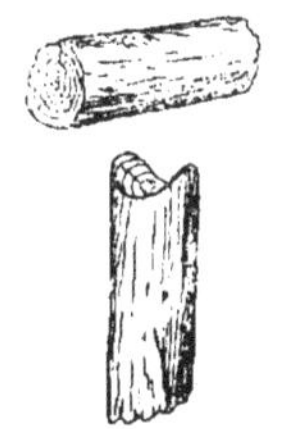

Fig. 129. — Pièce verticale évidée pour recevoir la barre de la passerelle.

pratiquées dans les longrines. Les figures 124 et 125 représentent l'assemblage par mortaise et par tenon.

Les poteaux et les barres formant rampe ont un diamètre de 12 à 15 centimètres ; les barres intermédiaires ont 8 centimètres de diamètre. La figure 126 indique la manière de raccorder les barres et les poteaux. Les longrines ayant été placées, avec les poteaux et les barres assemblés, à leur place sur les traverses, et équilibrées et fixées, les voliges du tablier, de 28 centimètres sur 8 centimètres, sont assujetties à leur tour, puis les fiches de soutien sont assemblées et clouées ou chevillées aux poteaux et aux traverses. Le raccord pour les fiches de soutien est représenté par les figures 127 et 128.

Si la passerelle se trouve à un endroit soumis à des inondations périodiques, il faudra l'ancrer pour empêcher qu'elle soit déséquilibrée par les eaux. La meilleure manière d'effectuer cet ancrage consiste à enfoncer dans le sol quatre courts pilotis, intérieurement aux longrines et auprès de leurs extrémités. Les longrines peuvent être assujetties aux pilotis au moyen d'écrous de voiture. L'extrémité supérieure des pilotis sera dissimulée

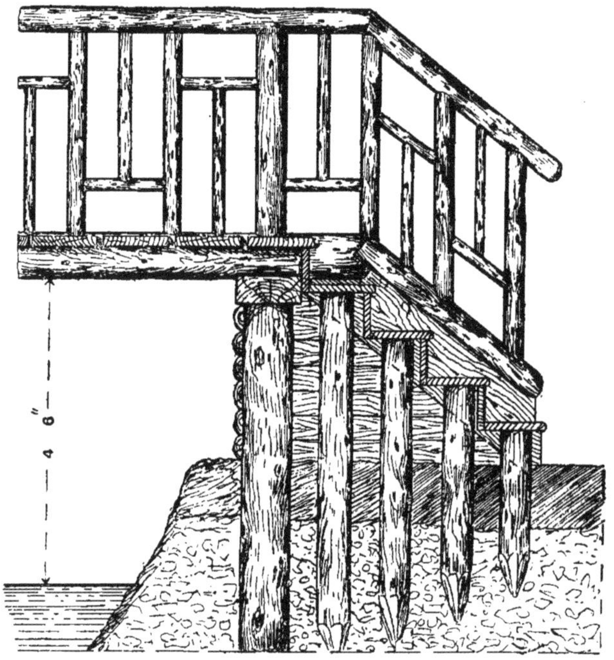

Fig. 130. — Passerelle surélevée.

par les voliges du bout du tablier. Les petites branches qui forment l'ornementation sont ensuite mises en place. La figure 129 représente le morceau vertical évidé pour s'adapter aux barres.

La figure 130 donne une vue partielle, en coupe longitudinale, d'une passerelle surélevée, convenant pour une portée de 4 à 6 mètres, et reposant sur des pilotis pour permettre à de petits bateaux et à des canots de passer au-dessous. Pour les pilotis de fondation, des troncs d'orme sont particulièrement à recommander. Il est indispensable de fixer un anneau de fer autour du sommet des pilotis pendant qu'on les enfonce pour éviter qu'ils se fendent sous les coups ; peut-être sera-t-on obligé de se servir d'une « sonnette ». Une fois que les troncs sont suffisamment enfoncés, on les scie à la hauteur voulue. On en mettra trois de chaque côté pour recevoir et supporter les traverses. La passerelle a 1 m. 80 de large et les longrines ont un diamètre de

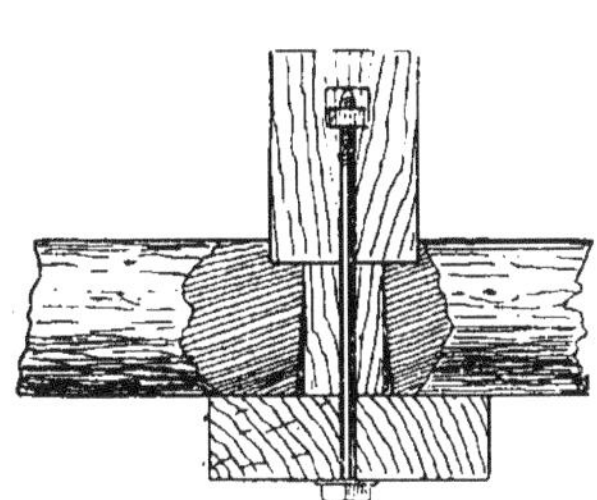

Fig. 131. — Longrine et poteau de la passerelle surélevée chevillés à une traverse.

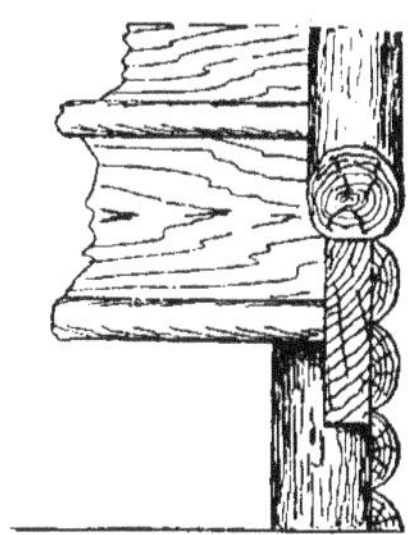

Fig. 132. — Coupe de la passerelle surélevée à la marche inférieure (fig. 130).

30 centimètres. Les traverses sont chevillées aux pilotis ; de même, les longrines sont également chevillées aux traverses, comme le représente la figure 131. On enfonce ensuite une rangée de pilotis plus petits sur le haut desquels on assujettit une planche de 28 centimètres sur 8, que l'on réunit aussi aux extrémités des longrines. Le giron des marches repose sur l'extrémité supérieure des petits pilotis ; le côté extérieur des pilotis et des planches est recouvert de baguettes fendues (voir la fig. 130, et la coupe, fig. 132). Les rampes et les balustrades sont assujetties de la manière que montre la figure 121.

CHAPITRE XI

VÉRANDAS RUSTIQUES

La figure 133 représente, en partie seulement, l'élévation d'une véranda rustique à laquelle on peut donner la longueur qui sera nécessaire dans chaque cas particulier. Quant à la largeur, celle qui est indiquée est 1 m. 15, mesurée du pied du mur au milieu des piliers. Le larmier avance, en outre, de 15 centimètres.

Pour une véranda de cottage, la largeur donnée ci-dessus est suffisante. Il y a assez de place pour mettre des sièges par une chaude journée, ou pour se promener lorsque le temps est mauvais.

On peut, du reste, facilement, augmenter la largeur, comme aussi la hauteur, de manière à mettre la véranda en proportion avec une maison de plus grandes dimensions.

La véranda est, le plus souvent, établie sur une plateforme surélevée, en briques ou en pierre.

Toutes les parties de la charpente sont en bois droit, de préférence, en mélèze; quant au remplissage de travail rustique à jour, il est fait en petites branches noueuses, soit de chêne, soit de pommier. Le toit, tel que le représente la figure, est en tuiles.

On verra que les poteaux qui supportent la véranda sont disposés par paires, de telle sorte qu'il suffira de les prendre d'un diamètre de 8 à 9 centimètres. La base en sera encastrée dans la maçonnerie de la plateforme sur laquelle ils se dressent. Comme hauteur, ils ont 2 m. 15.

Excepté aux entrées, un seuil formé d'une branche fendue par le milieu court de poteau en poteau sur la plateforme. A une hauteur de 1 m. 10, ceux-ci sont reliés par une barre ronde de moindre diamètre, de même que, à 15 centimètres de leur extrémité supérieure, par une seconde traverse de la même grosseur.

Fig. 133. — Vue de face de la véranda.

Sur les extrémités supérieures des poteaux repose un linteau formé d'une demi-branche de plus fort diamètre, soit 14 centimètres.

La traverse inférieure et la traverse supérieure arrivent en face du milieu des poteaux, mais il n'est pas nécessaire de les y fixer à l'aide de mortaises ; en les taillant en forme de V à chacune de leurs extrémités, de façon qu'elles embrassent les poteaux, on pourra ensuite se contenter de les clouer très solidement. La barre inférieure sera posée à hauteur d'appui. A 1 m. 80 au-dessus du sol, on fait des chapeaux sur chacun des poteaux en y clouant simplement quatre morceaux de bois taillé en quartiers. Les tirants obliques qui se détachent au-dessus des chapiteaux passent en avant des traverses supérieures sur lesquelles on les cloue, de même que sur le linteau. La figure 133 montre assez clairement de quelle manière les panneaux qui se trouvent entre les paires de poteaux et la frise comprise entre la traverse supérieure et le linteau sont remplis avec un motif ajouré composé avec des petites branches tortueuses qui contrastent heureusement avec les parties rigides de la charpente. Ce travail à jour sera utilement employé comme support pour des plantes grimpantes.

Dans une construction aussi étroite, les solives suffiront pour maintenir le tout en place sans qu'il soit nécessaire de placer un entrait ou un tirant.

Ces solives seront des branches fendues ; pour la largeur donnée plus haut, il suffira qu'elles aient 1 m. 65 de long ; cela permettra d'avoir une longueur en dehors du linteau qui portera le larmier à 15 centimètres en avant ; la pente sera bien assez forte pour ce qui est nécessaire. Un morceau de demi-branche cloué au mur supportera les extrémités supérieures des solives.

Pour faire le toit, on recouvrira de planches tout l'espace compris entre les solives et on fixera les tuiles ou toute autre couverture que l'on pourra préférer sur ces planches au moyen de clous. Le dessous peut être tapissé de nattes de jonc de manière à former un plafond original. Ces nattes sont d'un prix peu élevé, leur couleur brun verdâtre est agréable à l'œil et s'harmonise parfaitement avec le bois naturel.

Les solives étant fixées, on tendra fortement sur celles-ci la natte avant de poser et de clouer les planches du dessus. Il est probable que les solives seront rangées à des intervalles de 30 à 35 centimètres les unes des autres ; pour maintenir le nattage contre les planches, on fera bien de clouer une mince baguette ou un gros jonc fendu au milieu de chacun de ces intervalles, à moins que l'on préfère clouer des bandes qui formeront un motif décoratif simple, car il est peu pratique d'en faire un plus compliqué, le travail ainsi placé au-dessus de la tête de l'ouvrier étant assez malaisé à exécuter.

On peut avoir un joli plafond, moins caractéristique, cependant, en donnant aux planches une couche de peinture à l'huile de nuance appropriée et en y appliquant ensuite de minces joncs fendus disposés suivant un dessin très léger. Dans ce cas, les planches devront être rabotées, au préalable. Ce qui convient le mieux à cet effet, ce sont des lames à parquet de 2 centimètres

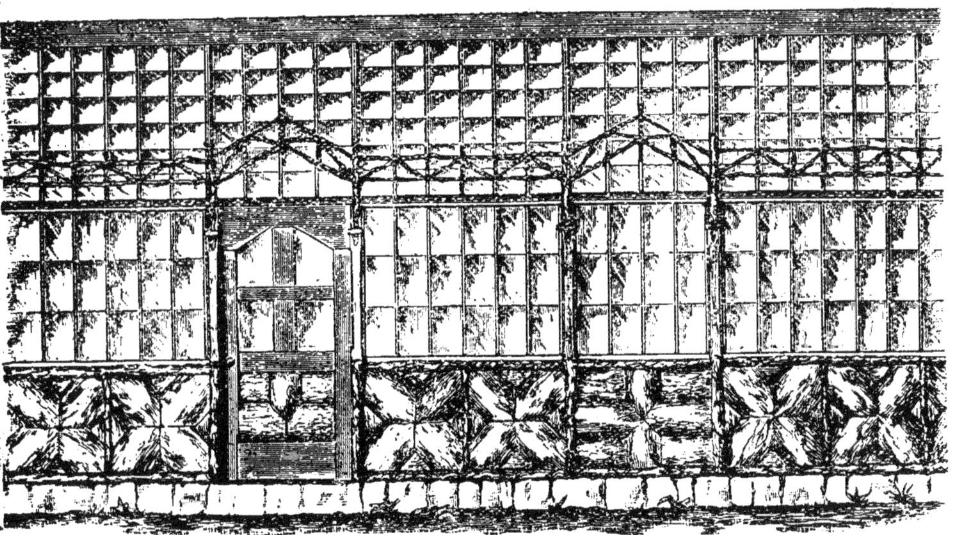

Fig. 134. — Vue de face de la véranda vitrée servant à la culture de la vigne.

d'épaisseur, qui sont, du reste, déjà rabotées d'un côté quand on les achète. On trouvera dans le chapitre XIII des indications relatives à d'autres manières de garnir le plafond de la véranda. Pour les kiosques, le chaume est une couverture d'un très bon effet, mais on ne peut l'employer pour une véranda, à moins que celle-ci ne fasse partie d'un cottage couvert lui-même en chaume.

En somme, on a le choix entre les bardeaux, le métal, les tuiles et l'ardoise. Une toiture métallique est assurément la plus facile à poser pour un débutant ; la tôle noire est d'un meilleur effet que la tôle galvanisée et peut être peinte. Au point de vue décoratif, le métal a l'air maigre et mesquin ; toutefois, lorsqu'il est peint, il se présente sous un meilleur aspect. La nuance la plus favorable nous paraît être un rouge profond un peu éteint. Ce qui, sans doute, vaut le mieux comme apparence, ce sont les tuiles ; rouges ou d'un ton d'ocre, elles seront d'un très bon effet, pourvu que l'on tienne compte, en les choisissant, de l'influence, dans une certaine mesure, de la couverture du reste de la maison. Si celle-ci est couverte d'ardoises, il se peut que des ardoises plus petites soient la meilleure couverture que l'on puisse employer. Quels que soient les matériaux dont on se serve pour faire la toiture, il est à recommander de la finir, contre le mur, par une pièce de faîtage en métal, comme l'indiquent les illustrations.

Certaines personnes qui se considèrent comme des autorités dans les questions de goût ont prétendu que tout ce qui peut ressembler à une serre ne s'harmonisera jamais avec la nature qui l'entoure, et ne peut que choquer le regard dans un jardin, admirable sous d'autres rapports. Les lignes dures, rigides, du bois et du métal et les larges surfaces de verre brillant ne sont pas agréables à l'œil et rappellent trop la boutique et l'usine pour bien s'accorder avec les horizons naturels. On a émis l'avis que l'on pourrait surmonter la difficulté en combinant la construction rustique avec le verre. A première vue, ceci semble facile ; mais, à l'examen, il en est tout autrement. La charpente rustique, par sa nature même, est irrégulière ; elle ne peut être ramenée à ces plans unis et à ces lignes droites qui sont essentiels à l'emploi du verre, tandis que, d'autre part, à l'intérieur, et tout particulièrement dans les locaux où se trouvent des plantes grimpantes, les surfaces en écorce brute offrent un abri trop sûr aux différentes espèces d'insectes ; de sorte que, en réalité, le genre rustique ne peut être que d'un emploi limité. Dans la véranda à vigne que représente la figure 134, il n'a été appliqué, par conséquent, que peu de travail rustique et à l'extérieur exclusivement.

Les matériaux rustiques employés sont, pour le parapet et les montants, quelques poteaux de mélèze ou d'autre bois suffisamment droit, et, pour les panneaux, des planches brutes. Quant aux piliers et aux autres éléments de la construction qui ne sont pas de genre rustique, on les prendra en bois blanc de bonne qualité. Les barreaux des fenêtres, qui portent les vitres, dans la toiture ainsi que dans les murs, devront être achetés tout faits, à meilleur compte d'ailleurs qu'on ne peut les produire soi-même ; on peut également acheter les panneaux de vitrage déjà

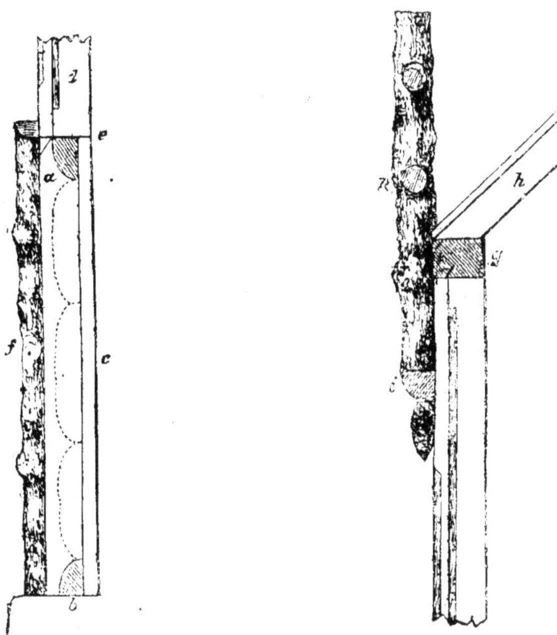

Fig. 135. — Vue de côté du bas du pilier de la véranda vitrée.

Fig. 136. — Vue de côté du haut du pilier de la véranda vitrée.

munis des vitres. C'est du verre de 480 à 600 grammes qui sert dans ce genre de travaux.

Comme dans le modèle de véranda rustique ouverte (voir la fig. 133), les piliers seront placés et encastrés à leur base sur la plateforme de maçonnerie.

La construction dont il s'agit maintenant est destinée, bien entendu, à être appliquée sur l'un des côtés les plus chauds de la maison, au sud ou à l'ouest. Sa largeur peut être modifiée de manière à répondre aux conditions des différents cas ; d'après les dessins, elle est de 1 m. 50. Les piliers ont 2 mètres de haut et une section de 10 centimètres de côté. On les dispose à des intervalles alternatifs de 1 mètre et de 1 m. 50. Sur leur sommet, repose la barre supérieure, qui est de même largeur qu'eux et a une hauteur de 7 centimètres. Les chevrons, qui sont des barreaux de fenêtre pourvus de chanfreins pour fixer les vitres, reposent sur cette barre, par l'une de leurs extrémités, tandis que l'autre porte sur une autre barre horizontale fixée au mur de la maison.

La figure 134 est une vue de face d'une partie de la véranda, et la figure 135 est une vue de côté de la moitié inférieure de l'un des piliers. En *a* de la figure 135, on voit la coupe de la traverse supérieure, dont l'extrémité supérieure se trouve à 80 centimètres au-dessus du sol ; en *b*, il y a la traverse inférieure, ou seuil. Toutes les deux sont en bois équarri et sont assujetties par des mortaises au pilier, à 2 centimètres du bord intérieur de celui-ci, de sorte que, quand les planches de 2 centimètres d'épaisseur, *c*, seront clouées dessus, elles arriveront au niveau des piliers à l'intérieur. En *d*, le cadre du vitrage est indiqué, avec le chanfrein pour les vitres, qui occupe la partie supérieure de l'ouverture ; en *e* figure une bande de métal placée entre la barre et le cadre pour détourner les eaux de pluie. Nous conseillons de ne monter sur charnières que le vitrage des ouvertures les plus étroites seulement, pour permettre d'aérer, et de laisser le reste fixe. En *f*, on voit un morceau de bois brut fendu cloué sur le devant du pilier.

Les panneaux qui occupent la partie inférieure de l'espace compris entre les piliers seront remplis au moyen de morceaux de planche brute, comme le représente la figure 134. Ces morceaux devront, autant que possible, avoir encore leur écorce ; ils sont cloués sur le revêtement de planches de l'intérieur.

Dans la figure 136, on trouve en profil la partie supérieure d'un poteau représenté de la même manière : *g* est la barre supérieure vue en coupe, et *h*, la partie ou extrémité inférieure d'un chevron. On remarquera en *i* une bande de bois équarri clouée en travers du poteau, — une pomme de sapin fixée au-dessous par une attache, — qui donne le point de départ du montant *k* par lequel est soutenu le parapet rustique à jour. Ces montants sont des branches rondes de petit diamètre, légèrement aplanies du côté qui fait face au pilier. Quant au parapet à jour, il est trop clairement représenté par les illustrations pour que nous ayons besoin de le décrire ; il est destiné à rompre dans une certaine mesure les lignes droites, et à dissimuler en partie les vitres du toit sans intercepter sensiblement les rayons de soleil.

Toute la boiserie rabotée qui est visible devra être peinte en brun de manière à s'assortir au bois naturel.

CHAPITRE XII

RESSERRES RUSTIQUES. — ABRIS DE JARDIN

Dans la construction de la petite resserre rustique que représentent les figures 137 et 138, on se sert en fait de matériaux de

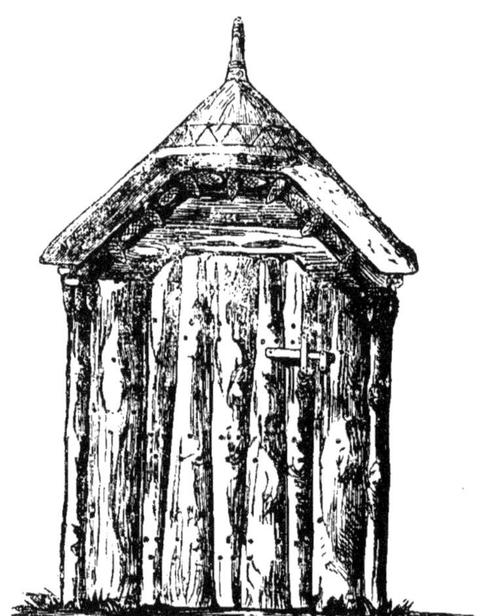

Fig. 137. — Vue de face d'une resserre rustique.

planches brutes, qui sont à bon marché et produisent, lorsqu'on les emploie judicieusement, un effet pittoresque très heureux. Ces planches sont les tranches extérieures des troncs d'arbre sciés. Généralement, elles ont conservé leur écorce, sauf lorsqu'il s'agit du chêne, que recherche la tannerie. Le plus souvent, c'est de l'orme. Leur épaisseur et leur profil sont nécessairement irréguliers : une extrémité est très souvent plus étroite

Fig. 138. — Vue de côté de la resserre rustique.

que l'autre, et l'on devra tenir compte de cette circonstance dans la disposition des murs et des portes de la resserre. On doit les acheter à la scierie même, où il est quelquefois possible de les obtenir au prix du bois à brûler. Dans les localités où les frais de transport ne les grèvent pas sensiblement, ces planches sont les matériaux les meilleur marché pour la construction des abris et hangars rustiques. Le mode d'emploi le plus fréquent est celui que représente la figure 139 en coupe horizontale. Cette disposition ne conviendrait cependant pas dans le cas actuel. Dans une si petite construction, des planches brutes du côté intérieur prendraient trop de place. — Nous conseillons donc d'égaliser les côtés, soit en les sciant, soit en les taillant avec une hachette, suivant les circonstances, et de recouvrir la paroi intérieure avec des planches minces. Si l'on ne recherche pas trop l'économie, des planches préparées de 1 centimètre et demi d'épaisseur seront ce qui convient le mieux; si on veut produire à bon compte, on pourra se contenter de planches provenant de vieilles caisses et de boîtes. Comme on le verra, il n'y a du reste que trois côtés à recouvrir.

Dans une grande quantité de planches brutes, on trouvera sans doute de quoi faire les montants et les autres éléments de la charpente. Quant aux six pilastres qui ne servent qu'à l'orne-

Fig. 139. — Manière courante de placer les planches brutes.

mentation de l'ensemble, il est possible que l'on trouve du bois qui, scié à la largeur voulue, pourra les constituer ; dans le dessin, on suppose que ce sont des troncs de sapin ou des voliges d'orme. Il suffit de quatre pièces de bois pour fournir les six demi-pièces et les quatre quarts qui sont nécessaires.

Aux angles, il y a quatre poteaux principaux ayant en coupe horizontale 10 centimètres au carré (voir *a* de la figure 140). Ceux-ci circonscrivent une superficie de 2 m. 35 sur 1 m. 65, mesures prises extérieurement. Ils sont enfoncés à une profondeur de 65 centimètres dans le sol, et s'élèvent à une hauteur de 1 m. 75 au-dessus de la ligne de terre. Sur leur sommet, et arrivant au niveau de leurs bords extérieurs, reposent les « sablières » ou barres supérieures, qui ont 8 centimètres d'épaisseur ; elles ne sont nécessaires que sur les côtés et sur le derrière de la construction ; il n'y en a pas besoin pour la façade. Sur ces trois mêmes côtés, il y aura également des traverses, de 7 à 9 centimètres d'épaisseur, dont les extrémités seront encastrées dans les poteaux, à 35 centimètres environ du sol, de manière à ne pas faire saillie sur ceux-ci. C'est sur les sablières et sur les traverses que sont clouées les planches brutes. Dans l'élévation qu'est la figure 138, on voit les clous qui sont enfoncés dans les traverses, mais pas ceux qui se trouvent dans la barre supérieure ou « sablière », une pièce de bois brut étant représentée à cet endroit, fixée sur celle-ci pour supporter le larmier du toit de chaume.

Sur la façade, on voit les deux poteaux de l'encadrement de la porte, marqués *b*, *b* sur la figure 140, lesquels sont séparés par un intervalle de 85 centimètres et doivent avoir 8 centimètres de

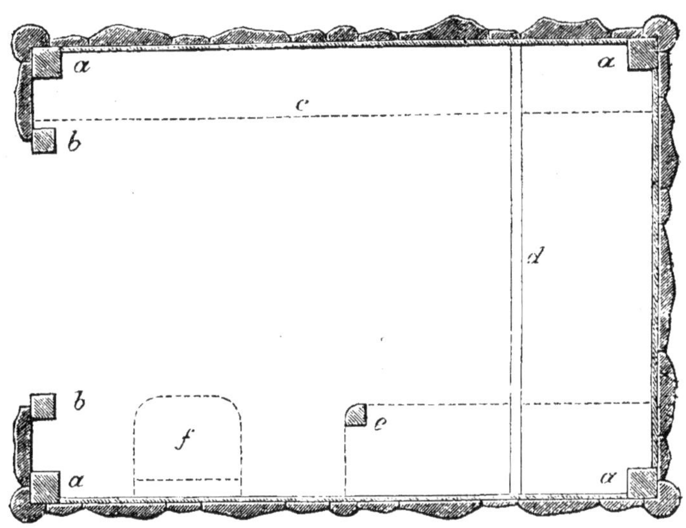

Fig. 140. — Plan de la resserre rustique.

côté. Comme, à leur extrémité supérieure, ils sont cloués à la paire antérieure de chevrons, ils s'élèvent à une hauteur de 2 m. 15. L'espace compris entre l'un des montants de la porte et le poteau d'angle voisin est rempli par une seule planche brute clouée à l'un et à l'autre et ayant 1 m. 80 de long sur 25 centimètres de large. Au-dessus de celles-ci se trouve, au lieu de sablière, le morceau de forte planche brute que montre la figure 137 avec une entaille pour le haut de la porte ; il est cloué aux poteaux d'encadrement de la porte et aux chevrons.

Les pilastres servent uniquement à l'ornementation. Comme

on le voit par les illustrations, ils sont en bois fendu par le milieu ; ceux qui sont placés aux angles sont disposés de telle sorte que leur centre coïncide avec l'angle de la construction, c'est-à-dire avec l'arête extérieure du poteau d'angle, sur les autres faces duquel on cloue des morceaux du même bois taillé en quartier, pour s'ajuster. La simple disposition des chapeaux de ces pilastres, avec leur décoration en pommes de pin, est représentée sur une plus grande échelle par la figure 141. La pièce de bois horizontale qui se trouve au-dessous du larmier et est clouée sur les planches brutes semble reposer sur les chapeaux. En dessous du chaume, sur la façade et sur la face postérieure, sont fixées des pièces de bois correspondantes, celles de la façade étant ornées de pommes de pin qui y sont clouées.

Les illustrations représentent la toiture en chaume. Nul autre genre de couverture ne sera d'un aussi bon effet, ni aussi heureusement dans la note du reste de ce genre de construction. Le constructeur novice trouve facile de préparer le chaume ; n'importe quel bois peut fournir les chevrons et les lattes, les imperfections ne nuisant aucunement à l'effet de l'ensemble. Les chevrons, pour le chaume, devront être disposés à intervalles de 35 centimètres environ ; les lattes, à 15 centimètres l'une de l'autre.

Si, toutefois, on a des raisons pour ne pas employer le chaume, la construction pourra être couverte plus rapidement et plus facilement, sinon plus économiquement, au moyen de tôle galvanisée ; seulement, il sera préférable de faire les pignons aigus, au lieu de les arrondir comme dans le cas actuel.

Pour ce qui est de la porte, les planches brutes qui la constituent à l'extérieur, et que l'on voit sur la figure 137, sont simplement clouées sur trois boulins de la porte. En raison de sa construction même, elle s'ouvrira mieux si on la pose au moyen de crochets et d'anneaux que si on l'assujettit à l'aide de charnières.

La ligne pointillée que l'on remarque en *c* de la figure 140 indique la projection d'une série de rayons, au nombre de cinq, ordinairement, qui occupent tout le côté gauche de l'intérieur de la resserre. Parmi ces rayons, celui du bas servira pour les pots à fleurs ; les autres, pour les cordeaux, les plantoirs, les truelles, et autres ustensiles de jardinage. En *d* figure une bande de bois fixée en travers du plancher pour empêcher la roue de la brouette de se déplacer lorsque cet utile véhicule est dressé contre le mur du fond de la resserre, qui sera sa place tout indiquée. Dans le pignon et à la partie supérieure de ce mur du fond, on placera des crochets et des chevilles où l'on suspendra le crible, les arro-

Fig. 141. — Agrandissement du chapeau d'un pilastre de la resserre.

soirs, les râteaux, etc. En *e* se trouve un montant fiché dans le sol et qui, à une hauteur de 65 centimètres, supporte des barres le reliant au mur du fond et au mur du côté le plus rapproché ; elles constituent une sorte de support pour les pelles, les bêches, les fourches et les outils du même genre. Au-dessus, contre la sablière, on pourra disposer d'autres crochets et d'autres chevilles.

Il serait bon d'établir en *f* un siège se repliant comme le volet d'une table de salle à manger ou se relevant et s'accrochant au mur, dans le genre d'un strapontin.

Comme cette resserre fournirait un abri confortable en cas d'averse, un siège comme celui-là serait très apprécié ; mais le moyen d'employer le plus utilement cet espace serait d'y fixer, un peu au-dessous du niveau du larmier, un râtelier pour mettre les houes, les râteaux et les objets de forme similaire. La manière la plus simple de faire un semblable râtelier consiste à percer des trous de 1 centimètre et demi de diamètre dans une mince barre de bois à intervalles de 7 à 8 centimètres, et d'y fixer des chevilles ayant de 12 à 15 centimètres de long. On clouera cette barre de telle sorte que les chevilles pointent vers

Fig. 142. — Cabane de jardin.

le haut à une inclinaison de 45 degrés environ. Rien de ce que l'on place sur un pareil râtelier ne peut tomber.

Les figures 137 et 138 sont faites à l'échelle de 24 millimètres pour 1 mètre ; la figure 140, à 4 centimètres par mètre ; mais les figures 139 et 141 ne sont pas en proportion.

L'abri de jardin, dont on voit l'ensemble sur la figure 142 ci-dessus, et dont la figure 143 donne le plan, est construit en bois dans ses parties principales. Il mesure 3 m. 30 de long sur 2 m. 60 de large à l'intérieur, non compris le porche, qui a 1 mètre de long; il peut servir de kiosque. Un bâtiment de proportions si réduites ne nécessite que fort peu de fondations. Si le sol est uni, il suffit de disposer quatre grandes pierres plates sur la surface AA (voir la figure 144), pour supporter la charpente, le plancher étant de la sorte assez élevé pour être maintenu au sec. Les deux seuils latéraux BB (voir la figure 143) ont l'un et l'autre une longueur de 3 m. 50 centimètres pour une

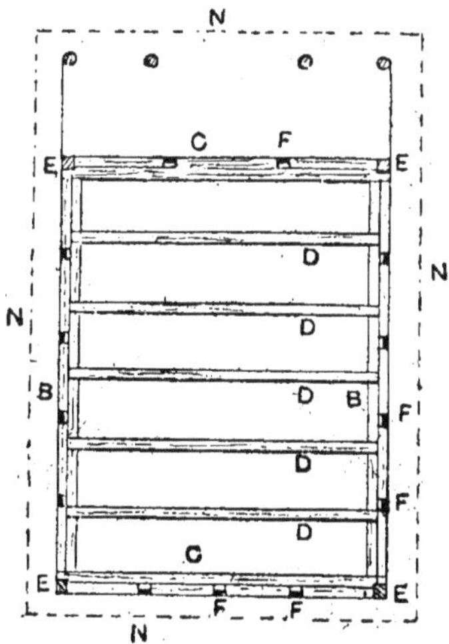

Fig. 143. — Plan de la charpente inférieure.

largeur de 15 centimètres et une épaisseur de 10 centimètres ; ils reposent sur les pierres dont nous venons de parler et qui

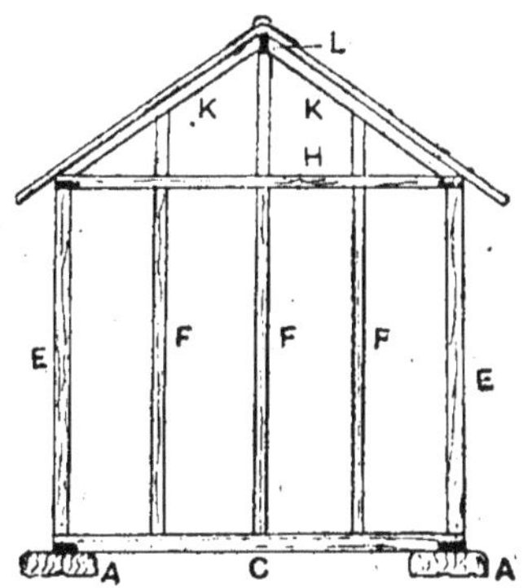

Fig. 144. — Charpente du fond.

supportent également les seuils des deux autres côtés du quadrilatère CC, d'une longueur de 2 m. 70 centimètres. Ces seuils sont raccordés ensemble à leurs extrémités et percés d'un trou dans lequel portera le milieu du poteau d'angle. Le trou devra avoir une profondeur de 5 centimètres dans la pierre, et l'assemblage sera complété au moyen d'une cheville de fer ou d'un goujon de 20 centimètres qui traversera le tout ; la cheville dépassera de 5 centimètres environ la surface du seuil, et s'ajustera dans un trou percé dans le poteau d'angle.

Les solives D (voir la figure 143) destinées à supporter le plan-

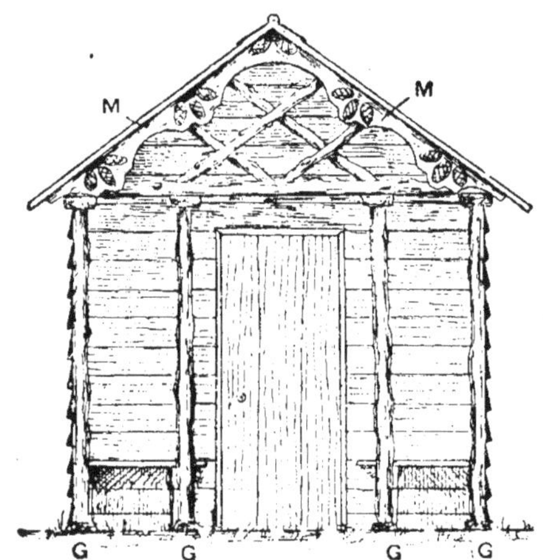

Fig. 145. — Vue de face du porche de la cabane.

cher sont au nombre de cinq, ayant chacune 2 m. 65 centimètres de long et 7 centimètres de large pour une épaisseur de 8 centimètres. A chaque extrémité, elles sont entaillées de la moitié de leur épaisseur sur une longueur de 5 centimètres, de manière à s'adapter à des encoches de 4 centimètres de profondeur pratiquées dans les seuils pour les recevoir, et où elles sont fixées à l'aide de clous. Elles sont alors de niveau avec les seuils.

Les quatre poteaux d'angle E (voir les figures 143 et 144) ont chacun 2 m. 25 de long et 10 centimètres de section au carré ; lorsqu'ils sont dressés, leurs côtés sont de niveau avec les seuils.

Les montants F (fig. 143 et 144) ont 8 centimètres au carré et doivent être plus longs de 5 centimètres que les poteaux d'angle, car, à l'extrémité inférieure, ils sont entaillés de cette même longueur sur la moitié de leur épaisseur de manière à s'adapter dans des rainures d'égales dimensions pratiquées dans les côtés extérieurs des seuils. Il y a quatre de ces montants sur chacun des grands côtés de la construction, trois sur la face d'arrière et deux sur la façade; ces derniers servent également de soutien pour la porte. Ils sont cloués en place, leurs côtés extérieurs venant exactement au niveau de ceux des poteaux d'angle et des seuils.

Pour les piliers rustiques du portique G (fig. 145) rien ne conviendra mieux que des poteaux de mélèze de 12 centimètres environ de diamètre à la base; à défaut de mélèze, des pièces

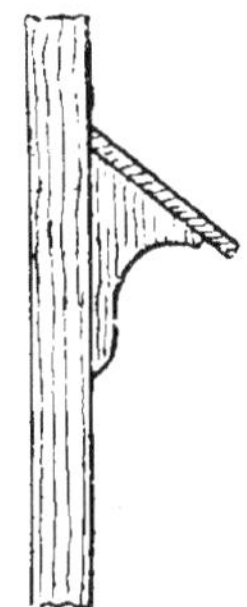

Fig. 146. — Vue de côté de l'auvent de la fenêtre.

assez droites de n'importe quel bois brut et rond pourront servir à cet effet. Les piliers sont représentés dans les figures 142 et 145 dressés sur des pierres auxquelles ils sont assujettis. Quand ils seront mis en place, leur sommet sera à la même hauteur que les poteaux d'angle et que les montants ; leur centre se trouve à 75 centimètres en avant du seuil de la façade.

Sur les poteaux d'angle, les montants et les piliers, se placent les sablières H (fig. 144) dont quatre font partie de l'abri à proprement parler, ayant chacun 1 m. 65 de largeur et 8 centimètres d'épaisseur.

Les traverses latérales ont une longueur de 4 m. 45 et sont entaillées sur la moitié de leur épaisseur dans la partie qui repose sur les poteaux d'angle et sur les piliers, pour recevoir les extrémités des traverses qui ont 2 m. 70 de long et sont entaillées de la même manière sur 12 cm. 5 à partir de leurs extrémités. Les sablières arrivent au ras des poteaux d'angle et des montants sur lesquels elles reposent et auxquels on les cloue.

Il y a également une cinquième sablière qui se trouve sur les sommets des piliers de la façade. Ce qui convient le mieux pour faire celle-ci, c'est la moitié d'un poteau semblable à ceux qui ont servi pour les piliers, le côté plat reposant sur le sommet de ces derniers. On remarquera que les extrémités antérieures des sablières des côtés forment une saillie d'environ 10 centimètres sur cette pièce.

Dix chevrons, K (fig. 144), seront nécessaires pour la toiture ; chacun aura 1 m. 66 centimètres de long et 8 centimètres de côté en coupe. Les deux couples des extrémités arrivent au niveau des côtés extérieurs des seuils et des sablières. Un sixième couple, pour surmonter les piliers et leurs sablières, est formé d'un poteau rond scié en deux dans le sens de la longueur, la partie taillée étant placée au-dessus. Les extrémités supérieures des chevrons aboutissent à un faîtage L (figure 144) formé d'une planche ayant 3 centimètres d'épaisseur, 10 centimètres de largeur et 4 m. 45 centimètres de longueur. Comme on le voit par la figure 144, les montants sont continués dans la face d'arrière depuis la sablière jusqu'à la toiture ; la façade est traitée dans les mêmes conditions.

Le linteau de la porte se trouve à 2 mètres au-dessus du seuil, l'ouverture ayant 1 m. 94 sur 80 centimètres après que le plancher a été posé. La fenêtre représentée par la figure 142 est à une hauteur de 1 mètre au-dessus du seuil et a 1 mètre de haut ; en comptant les deux meneaux, sa largeur est de 1 m. 90 centimètres.

La planche qui est représentée clouée en avant du rebord de la fenêtre est légèrement inclinée vers le bas de manière à déverser la pluie, tandis qu'au-dessus, il y a une planche de 23 centimètres de large clouée suivant une plus forte pente sur des supports ou des tasseaux ainsi que le représente la figure 146, pour abriter la fenêtre. Les lames de parquet, de 2 centimètres d'épaisseur, dont on se sert pour faire le plancher devront être achetées préparées, rabotées d'un côté ; il faudra qu'elles soient bien sèches, et soigneusement encastrées ensemble lors de la pose, car, autrement, il se produirait des fentes dans les intervalles.

On peut se servir de planches semblables pour faire le revêtement extérieur de cet abri, en les clouant aux montants sur les côtés et sur la face d'arrière comme le montre la figure 147. Sur les côtés, ce revêtement de protection contre les intempéries sera posé jusqu'aux piliers rustiques, englobant de la sorte les

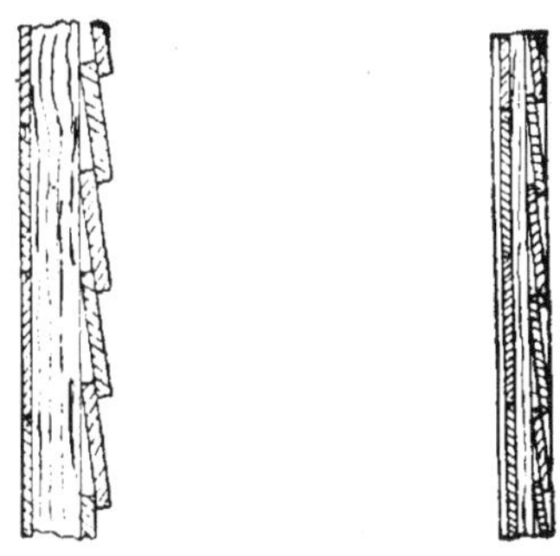

Fig. 147 et 148. — Coupes des murs.

côtés du porche. Pour l'intérieur de l'abri, employer des planches ajustées, de 1 cm. 5 d'épaisseur, comme on voit par la figure 147. Ce travail peut être effectué sous les chevrons jusqu'au faîtage. Le porche peut également être complètement recouvert avec des planches ajustées, bien que cela ne soit pas nécessaire.

Il y a différentes manières de faire des murs en bois non conducteurs de la chaleur ; la meilleure consiste à remplir l'espace qui se trouve entre les deux parois, intérieure et extérieure, avec de la sciure de bois. On peut aussi employer des copeaux ou des matériaux similaires, mais avec moins de succès.

Un autre moyen serait de clouer du feutre sur la face intérieure des planches extérieures avant de poser le revêtement intérieur ; mais, même sans bourrage, deux épaisseurs de planches avec un espace d'air entre elles constituent une protection suffisante. Le feutre sera cloué sur le revêtement en planches ajustées du toit avant que le fer soit posé.

Dans le but de réduire la dépense, on pourra employer, pour faire les revêtements de l'abri, des bois provenant de vieilles caisses d'emballage ; cela ne fournira, bien entendu, que des planches de faible longueur, et entraînera à un plus long tra-

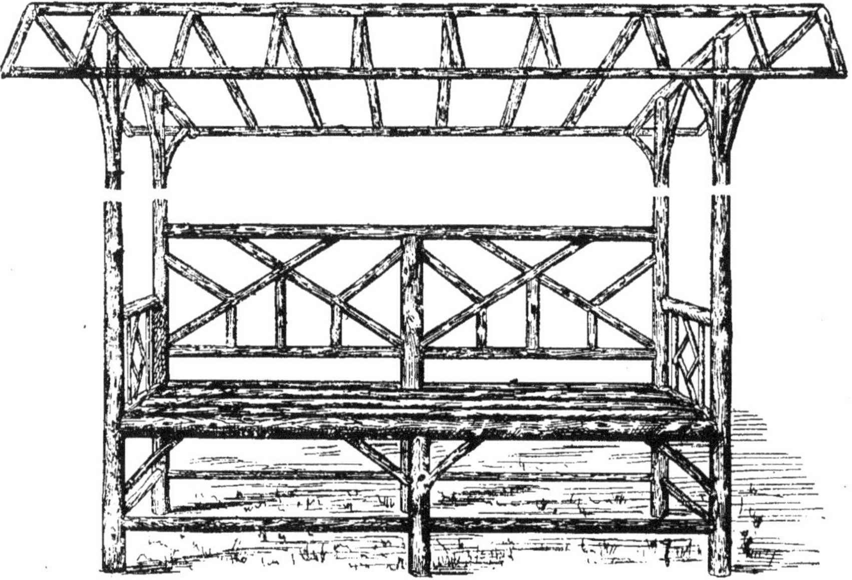

Fig. 149. — Vue de face du petit abri de jardin.

vail, mais le modèle de l'abri est disposé de telle sorte qu'il est très possible de le réaliser de cette manière. On peut s'arranger pour que les planches courtes s'adaptent entre les montants, au lieu de poser sur ceux-ci, et, alors, la construction aura l'aspect de la maisonnette que représente la figure 142, la coupe du mur correspondra à la figure 148, et non plus à la figure 147. Une bande de latte — de ces lattes que l'on vend pour poser sous les tuiles — de 3 centimètres de largeur pour une épaisseur de 1 cm. 5, sera clouée sur les côtés des montants, comme on le voit par l'illustration, et c'est là-dessus que l'on clouera le revêtement extérieur de protection et le placage intérieur; comme résultat, les murs semblent, intérieurement et extérieurement, divisés en longs panneaux.

Pour obtenir un certain effet décoratif, on pourra peindre la charpente d'une couleur plus foncée que les planches. Le moyen le plus simple et le plus facile pour recouvrir de planches la toiture sera de clouer les morceaux sur la partie supérieure des

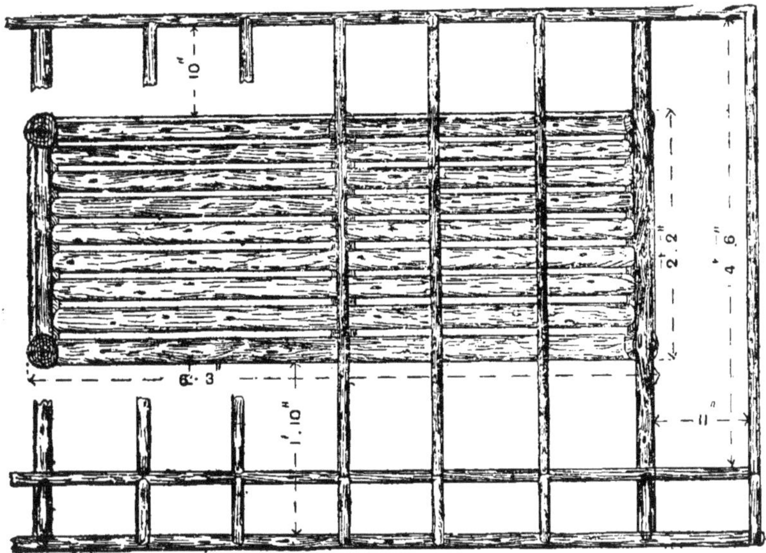

Fig. 150. — Plan du petit abri de jardin.

chevrons, de recouvrir de feutre, et de visser au-dessus la couverture en fer. L'espace qui existe entre les deux parois de planches du mur, bien que beaucoup plus étroit que dans le cas précédent, pourra encore être comblé avec de la sciure de bois ou un autre produit analogue isolant.

On verra par la figure 145 que les chapeaux des piliers rustiques du porche sont formés de quatre courts morceaux de bois brut taillé en quartiers, cloués autour de chaque pilier, les deux côtés sciés étant placés vers le haut et vers le dedans. Quatre baguettes brutes s'entrecroisant remplissent l'espace qui sépare la sablière et les chevrons. Les bordures de pignon MM sont sciées dans une planche de 1 cm. 5 d'épaisseur, sur une largeur de 23 centimètres; on les cloue sur les extrémités des sablières de côté et du faîtage. Elles font ainsi une saillie de plusieurs centimètres sur la ligne des piliers. Elles sont représentées ornées de pommes de pin qui y sont attachées, et que, d'ailleurs, on peut remplacer par du liège vierge. On pourra également

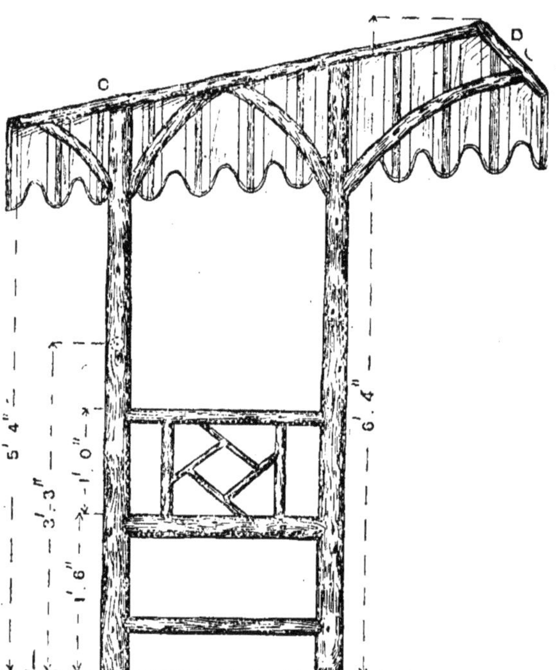

Fig. 151. — Vue de côté du petit abri de jardin.

décorer l'intérieur du porche avec de ce même liège vierge ou avec une mosaïque de genre rustique. De chaque côté de la porte se trouve un siège haut de 40 centimètres et profond de 35 centimètres. Quant à la porte, il suffit, pour la faire, de clouer les planches à quatre boulins transversaux.

La figure 142 représente les fenêtres garnies de petites vitres enchâssées dans des plombs de fantaisie, ce qui est, assurément, le meilleur moyen de les mettre en harmonie avec le style de l'ensemble. On cloue une bande de latte autour de l'ouverture de la fenêtre, comme on le voit par la figure 148, et on fixe le vitrage à plombs sur le chanfrein ainsi formé, à l'aide de fines pointes, et en mettant un peu de mastic pour en assurer l'étanchéité des raccords. Naturellement, il sera beaucoup plus économique de poser tout simplement des vitres ordinaires, mais l'effet produit sera moins heureux. Pour la toiture, on aura besoin de quatre feuilles de deux mètres de tôle ondulée, et d'une pièce de faîtage de 4 m. 65 centimètres. La tôle devra être

Fig. 152. — Détail du siège du petit abri de jardin.

vissée, et non clouée sur les chevrons. Le prix sera d'une cinquantaine de francs, y compris une grosse et demie de vis et de rondelles galvanisées. Les lignes pointillées en N N de la figure 143 indiquent la superficie couverte. Son bas prix, la facilité avec laquelle on la pose et le peu de charpente qu'elle nécessite rendent la couverture en tôle très appropriée à une construction faite par un amateur. Elle a, toutefois, ses inconvénients; le principal est sa trop grande conductibilité de la chaleur; on peut aussi lui reprocher d'avoir une apparence peu artistique. Nous avons déjà indiqué le moyen de corriger le premier de ces défauts; d'autre part, si l'abri s'élève à un endroit où il est rafraîchi par l'ombrage des arbres pendant la partie la plus chaude de la journée, ce désavantage sera quelque peu compensé. Quant à son aspect inesthétique, il est dû en grande partie à sa couleur, et on peut y remédier considérablement en y appliquant une teinte appropriée. Lorsqu'elle est entourée d'arbres, une toiture en tôle fait très bon effet, étant peinte en brun rougeâtre, tandis que, dans d'autres horizons, il conviendra de la mettre en couleur chamois, ou en vert moyen éteint. La peinture devra être souvent renouvelée. Il y a encore un moyen, qui consiste à couvrir le toit avec un treillage élevé de quelques centimètres au-dessus de la tôle, et d'y amener du lierre ou d'autres plantes grimpantes.

Quant à l'intérieur de l'abri, il vaudra mieux le peindre que de le tapisser de papier, qui se fendrait sur les planches, à moins que l'on ait la précaution — et la patience — de le monter sur toile.

Dans le cas où l'on adopterait la deuxième manière, qui est la

Fig. 153. — Assemblage du petit abri de jardin en C (fig. 151).

plus économique, de faire le revêtement de planches, les chevrons, qui restent apparents, pourront être peints en brun foncé, et les espaces intermédiaires du plafond, en nuance chamois, tandis que, pour les murs, on mettrait la charpente en vert moyen éteint et les panneaux en un vert plus clair. Si tout l'intérieur est garni de planches ajustées, selon la première méthode donnée, le plus simple et peut-être le meilleur « fini » serait de passer un vernis dans lequel on aurait broyé de la terre d'ambre, brute ou brûlée.

Aucun foyer n'a été prévu ; en hiver, par une température ordinaire, un poêle à pétrole suffira largement pour chauffer une si petite chambre ; si, cependant, on voulait avoir plus de chaleur, on pourrait facilement se procurer un poêle à charbon et percer dans la toiture ou dans l'un des murs un trou pour livrer passage au tuyau. Dans un cas comme dans l'autre, il faudrait disposer, un peu au-dessous du faîtage, à chacune des extrémités de la chambre, un ventilateur que l'on puisse facilement ouvrir ou fermer à volonté.

Le petit abri de jardin que représentent, vu de face, la figure 149, et en plan et vu de côté les figures 150 et 151, est construit avec des branches de sapin droites et ayant encore leur écorce; au préalable, on aura eu soin d'enlever les rameaux. Comme l'écorce reste, il faut avoir soin de ne pas la froisser, et de ne pas la déchirer; alors, aucun « fini » artificiel ne sera nécessaire, car elle constitue pour le bois une protection suffisante contre les variations climatériques et son aspect rustique est une décoration en lui-même. Une innovation dans ce modèle, c'est l'adaptation d'une toiture ou couverture qui peut être munie d'un store en toile forte, ainsi que le représente la figure 151 ; il serait également possible d'y faire venir des plantes grimpantes.

Les deux poteaux de devant ont un diamètre 8 centimètres à la base et une hauteur de 2 mètres; les poteaux qui se trouvent en arrière ont le même diamètre et 1 m. 80 centimètres de haut; le poteau du milieu derrière a 1 m. 05 de haut et le pied de devant, 43 centimètres. Les barres du siège ont un diamètre de 7 centimètres. Celle de devant a 2 mètres de long ; le dossier est en deux parties, goujonnées au poteau du milieu, qui se trouve entre elles. Les barres latérales ont une longueur de 56 centimètres. On fera bien de prendre une marge très suffisante au sujet de toutes ces mesures pour pouvoir entailler les extrémités de manière à ce qu'elles s'adaptent bien exactement aux poteaux, 8 centimètres sur la longueur suffiront vraisemblablement. Après que les extrémités des barres auront été grossièrement façonnées de manière à s'ajuster aux poteaux, on les percera pour qu'elles puissent recevoir des goujons de chêne ou d'orme de 3 centimètres de diamètre que l'on enfoncera dans les barres et qui devront être bien assujettis dans les poteaux. L'assemblage par goujon est représenté dans l'un des angles supérieurs de la figure 152.

Les barreaux inférieurs, les bras, et les barres qui forment le dossier sont assemblés aux poteaux par leurs extrémités que l'on taillera légèrement en pointe ; ensuite, les trous des goujons sont entaillés de manière à s'adapter, à l'aide d'une gouge, de telle sorte que les barres pénètrent sans difficulté. Ce raccord particulier est l'objet du dessin qui se trouve dans l'un des angles inférieurs de la figure 152. Pour terminer, le tout est assemblé, puis fixé au moyen de clous ou de vis posés à l'inclinaison voulue.

Les panneaux du dossier et des côtés sont remplis avec des petites branches de 4 centimètres environ de diamètre, dont les

Fig. 154. — Détail des raccords du devant (voir C, fig. 151).

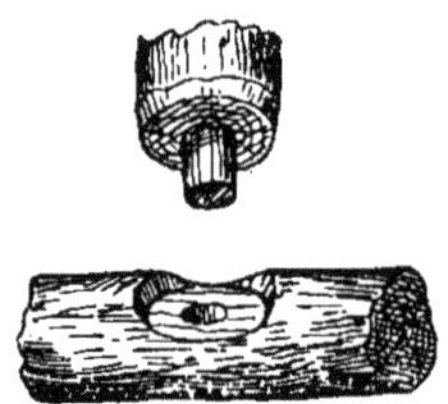

Fig. 155. — Autre manière d'assembler les barres aux poteaux.

extrémités auront été préalablement taillées de manière à s'ajuster aux barres ; ensuite, on les fixe en place à l'aide de clous.

Les voliges qui forment le siège sont demi-circulaires en coupe, et viennent de branches de 8 centimètres de diamètre partagées en deux ; la partie plane sera placée en-dessous. La manière de les fixer est représentée par les figures 152, 156 et 157. Le siège ayant été mis en place, on taille puis on fixe les fiches de soutien qui vont sous les barres du siège.

Il reste alors à mettre le dessus en place et à en assembler les éléments. Tout d'abord, l'extrémité supérieure des poteaux sera entaillée de manière à présenter une « selle » pour des branches ayant un diamètre de 7 centimètres, et longues de 1 m. 50 centimètres qui feront office de chevrons principaux. Avant de les clouer ou de les visser, il sera bon de vérifier si elles sont bien dans le même plan ; tout changement nécessaire pour les amener à poser suivant le même angle pourra être apporté à la « selle » qui se trouve pratiquée au sommet des poteaux. Le raccord par entaille sur demi-épaisseur à chacune des extrémités des chevrons principaux devra aussi être effectué avant l'assemblage, pour recevoir les « pannes » ou traverses horizontales sur lesquelles porteront les chevrons ; de plus, ils seront assujettis au moyen de fiches de soutien vissées ou clouées aux poteaux. Les pannes ont un diamètre de 5 centimètres environ sur une longueur de 2 m. 80 centimètres ; elles sont fixées au raccord qui a été pratiqué au préalable sur les chevrons principaux. De plus

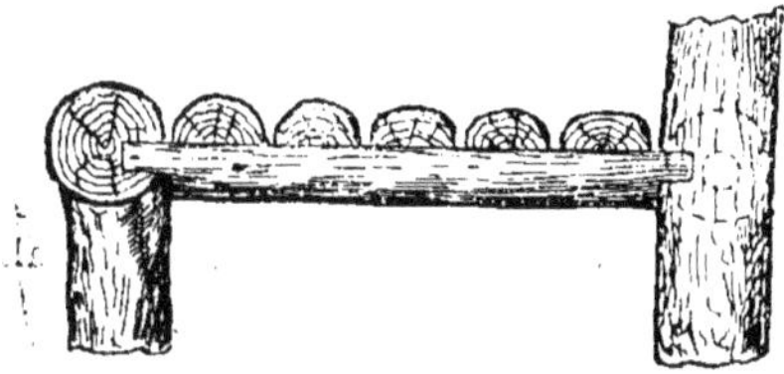

Fig. 156. — Coupe de la barre médiane en A (fig. 152).

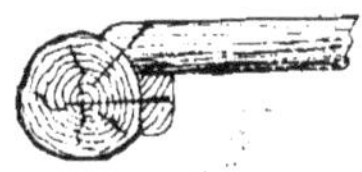

Fig. 157. — Détail de la barre médiane en B (fig. 152).

petites branches, servant de chevrons ordinaires, seront, à leur tour, fixées sur les pannes. La figure 153 indique la manière de faire le raccord à la partie arrière du dessus, en C, de la figure 151 ; quant à la figure 154, c'est le détail des raccords du devant.

La figure 129 montre le sommet du poteau entaillé pour recevoir le chevron principal, et la figure 155 donne une autre manière d'assembler les barres aux poteaux. La figure 156 est une coupe près de la barre médiane, en A (fig. 152), tandis que la figure 157 est le détail de la barre médiane en B de la figure 152.

CHAPITRE XIII

KIOSQUES RUSTIQUES

Kiosque en appentis. — Kiosque ou abri de cour de tennis. — Kiosque octogonal. Kiosque octogonal à trois pignons.

Le kiosque en appentis que représente la figure 158 est destiné à un petit jardin. C'est sans doute la meilleure manière d'utiliser

Fig. 158. — Kiosque en appentis.

une muraille ou le derrière d'un hangar peu décoratif que d'y appliquer une petite construction de ce genre. Les dimensions sont les suivantes : longueur, 2 m. 65 centimètres; largeur, 1 m. 10 centimètres; hauteur, 2 m. 65 centimètres.

Le plan qu'est la figure 159 en indique la disposition générale. Quatre piliers A, B, B, A, se trouvent sur le devant. Ce sont des poteaux de 8 à 10 centimètres de diamètre. N'importe quel bois d'apparence rugueuse, et suffisamment droit, conviendra pour

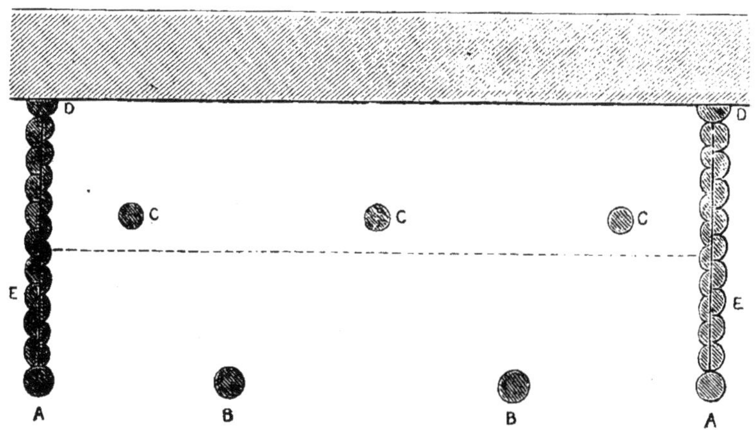

Fig. 159. — Plan du kiosque en appentis.

cela, mais on doit accorder la préférence au mélèze. Ces quatre piliers s'élèvent à 1 m. 65 centimètres au-dessus du sol et devront être enfoncés d'au moins 65 centimètres en terre.

Les petits poteaux C qui supportent le siège sont du même bois, mais un peu plus minces, peut-être. Ils ont 35 centimètres de haut, et atteignent une profondeur de 25 centimètres dans le sol.

Les pilastres D sont faits avec des poteaux plus gros, sciés en deux. Leur longueur ne dépasse pas 1 m. 65 centimètres, car il est inutile qu'ils pénètrent dans le sol, étant seulement fixés au mur au moyen de grands et gros clous.

Les côtés du kiosque, c'est-à-dire l'espace compris entre A et D, sont faits avec des plus petits morceaux de bois taillés par moitié et alignés les uns auprès des autres, comme on le voit en E E, et cloués aux traverses F et G qui sont représentées sur la figure 160.

Sur cette dernière figure, se voit également l'une des sablières qui reposent sur l'extrémité supérieure des pilers (H, dans la

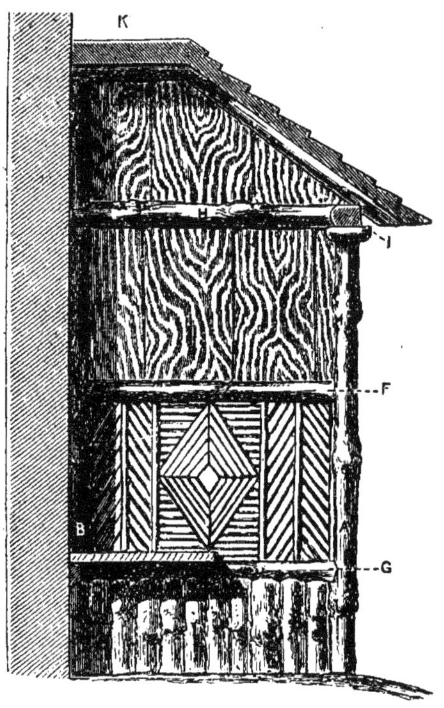

Fig. 160. — Vue intérieure d'un côté du kiosque en appentis.

figure 160) où on les cloue, à leur point de contact, I. Il y a deux sablières dans la façade, reposant chacune sur l'un des deux piliers qui se trouvent à droite et à gauche de l'entrée du milieu. Leurs extrémités intérieures sont représentées sur la figure 158, où les extrémités des pannes qui forment le petit pignon reposent dessus. Les sablières sont en gros bois taillé par moitiés, le côté plat étant au-dessus.

Dans la figure 160, on verra comment est supportée la courte traverse sur laquelle porte la partie du toit qui est en pente. La figure 161, qui est une coupe médiane de la construction, montre clairement comment le faîtage du petit pignon, E, repose à son extrémité intérieure sur une traverse M placée sur deux chevrons, et dont la coupe seule apparaît, tandis que N fait voir le point où les pannes rencontrent et portent le faîtage à proximité de son extrémité extérieure. L'intersection des attaches obliques dans le pignon est indiquée en O, tandis que P représente la direction de l'un des chevrons et montre comment son extrémité supérieure repose contre le mur et sur une pièce de faîtage en bois fendu en deux, Q, solidement clouée à la maçonnerie.

L'élévation qu'est la figure 158 explique assez clairement les détails de l'ornementation de la façade. Ils ne sont pas trop nombreux, ni compliqués. On verra qu'au sommet de chaque pilier, il y a un petit chapeau, formé de quatre morceaux de bois fendu par quartiers, taillés en biais aux extrémités qui forment les coins, et que, en travers de l'ouverture, de chaque côté de l'entrée auprès du sommet, il y a un linteau, fait d'une pièce de bois bien droite, avec un motif de branchages noueux alentour. Au-dessus de l'entrée, il y a des attaches obliques qui se croisent, et un peu de remplissage en bois menu. La hauteur de l'entrée est de 1 m. 90 centimètres.

Afin qu'il soit possible de donner un revêtement intérieur décoratif et approprié à ce kiosque, nous recommandons de passer un enduit sur le mur et de clouer par-dessus une couverture bien unie en planches minces, par exemple, en lames ajustées de 1 cm. 5 d'épaisseur. C'est là dessus que l'on va pouvoir fixer, à l'aide de petites attaches, le motif décoratif que l'on aura choisi. La figure 158 représente le dossier du siège fait en mosaïque rustique. Au-dessus du dossier, de même que sous les sièges, il a été appliqué un revêtement en écorce. N'importe quelle écorce du pays peut être suffisamment aplatie pour se prêter sans difficultés à ce genre de travail; mais si, dans les villes, on n'arrive pas à s'en procurer en assez grande quantité, on aura la ressource de mettre à la place du liège vierge.

La figure 160 donne une vue intérieure de l'un des côtés, par laquelle on peut remarquer que l'ornementation de ces parties du kiosque diffère peu de celle du dossier. Toutefois, la bande inférieure, qui correspond à la petite bande qui se trouve sous les siéges, n'est pas de l'écorce, parce que, placée à cet endroit, elle serait fatalement exposée à recevoir des coups de pied et à être détruite par là même en peu de temps; on emploie ici du bois fendu par moitiés et d'assez petit diamètre, disposé de telle sorte que les interstices alternent avec ceux du revêtement extérieur. On s'en rendra bien compte si on se reporte au plan. Il faudra également bien boucher avec de la mousse toutes les fentes et ouvertures que pourraient présenter les côtés, afin de les rendre imperméables au vent.

Le toit est couvert avec des plaques de bois, que le premier novice venu en charpente peut faire et mettre en place lui-même. Comme on le voit par la figure 158, il est facile de leur donner un caractère décoratif. Elles ont un aspect rustique qui s'harmonise bien avec l'ensemble de la construction, et si elles étaient faites maladroitement, l'effet n'y perdrait rien. Dans le cas actuel, supposons qu'elles aient 30 centimètres sur 10 centimètres. La partie inférieure, seule visible, peut être découpée à la scie suivant un grand nombre de formes décoratives.

Si l'on a recours à ce mode de couverture, on fera bien, au lieu de clouer des lattes en travers des chevrons, de recouvrir toute la toiture avec des lames semblables à celles qui ont servi à faire le haut du dossier. Il est ensuite fort simple de clouer sur celles-ci les plaques de bois, en les plaçant exactement comme on le ferait pour des tuiles; mais, pendant qu'on les fixera, il faudra se faire aider par quelqu'un qui, à l'intérieur, maintiendra avec un gros marteau l'endroit sur lequel on frappe, car, si on néglige cette précaution, les coups de marteau que l'on applique sur les planches feront sauter les plaques au fur et à mesure qu'on les pose. On commencera tout d'abord par clouer sur le bord du toit une planche épaisse de 2 centimètres et d'une largeur un peu supérieure à la moitié de la longueur des plaques, pour donner à cet endroit l'épaisseur nécessaire. On remarquera que l'extrémité des chevrons est disposée en saillie, de manière à donner une largeur suffisante au larmier, ce qui est appréciable dans une construction aussi étroite, à la fois pour l'ombre, l'abri, et l'apparence confortable qui en résultent. Si, cependant, le toit est fait en chaume, il n'est pas nécessaire d'avoir des chevrons en saillie, attendu que le chaume, par lui-même, s'avance suffisamment.

A l'intersection du toit principal et du pignon de l'entrée, on

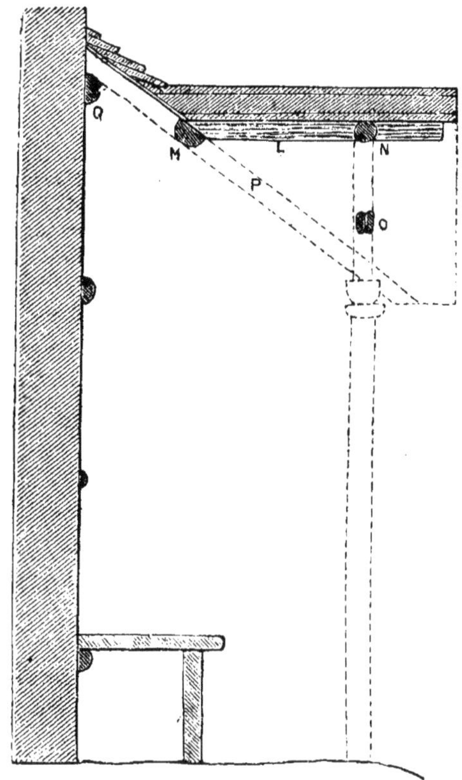

Fig. 161. — Coupe au milieu du kiosque en appentis.

fixera une bande de zinc pliée à angle droit, avant de mettre les plaques de bois en place, tandis que, le long du faîtage, une autre sera clouée sur les plaques. Cette dernière bande de zinc sera peinte de manière à s'harmoniser avec la couleur du bois.

Nous donnerons ici quelques indications quant à la manière

de finir la toiture à l'intérieur. Si l'on s'est servi de bois rond ou de forme semi-circulaire pour faire les chevrons — et on devra accorder la préférence à ce dernier dans le cas où on choisirait les plaques de bois pour la couverture, parce que l'on a alors une surface plane pour clouer les planches — l'espace qui existe entre les chevrons pourra être recouvert avec de l'écorce, ou du

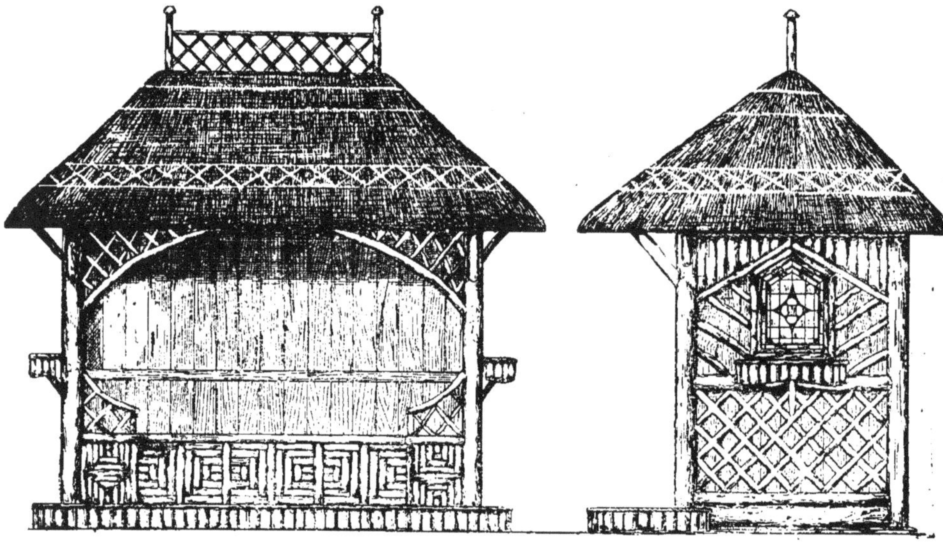

Fig. 162 et 163. — Vue de face et vue de côté du kiosque rustique ou abri de cour de tennis.

liège vierge, le cas échéant; on bouchera soigneusement les fentes et interstices avec de la mousse. Dans ces conditions, il sera bon de fixer l'écorce au moyen de vis, parce que les secousses que provoqueraient les coups de marteau sur des clous amèneraient le déplacement des plaques.

Un autre moyen, dans des circonstances identiques, consiste à étendre sur les chevrons, avant d'y clouer les planches, des paillassons ou des nattes, soit de simples paillassons de jardin, soit des nattes de jonc, plus épaisses et aussi bon marché. La couleur en est agréable à l'œil et naturelle, celle des nattes de jonc particulièrement, d'une nuance verdâtre, et, par leur nature même, les uns et les autres s'harmonisent parfaitement au genre rustique.

Il peut encore arriver que l'on n'ait pas à sa disposition le bois de mélèze nécessaire et que l'on en soit réduit à prendre du bois scié ordinaire pour faire les chevrons. On pourra alors recouvrir le dessous du toit en entier avec des bruyères, ou tendre la

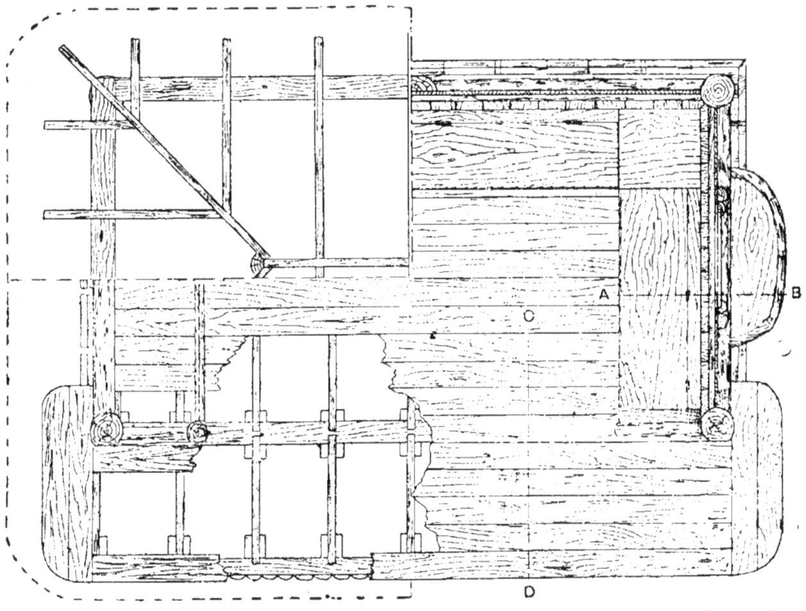

Fig. 164. — Plans partiels du toit, du siège et du plancher de l'abri de cour de tennis.

natte de jonc en dessous des chevrons et l'y fixer provisoirement avec des attaches, puis, plus tard, l'assujettir plus complètement et définitivement en clouant une demi-baguette de noisetier ou d'autre essence sur le milieu de chacun des chevrons. Ce mode de travail donne un plafond très propre et joli.

Il est à peine besoin de dire que pour donner à un kiosque de ce genre toute sa valeur au point de vue décoratif, le mur devra, de chaque côté, être tapissé de lierre ou d'autres plantes grimpantes; de même qu'il est bien évident que si la hauteur de ce mur permet d'élever de la hauteur d'une ou deux marches au-dessus du terrain environnant le plancher que l'on adjoindra alors au kiosque, celui-ci y gagnera dans son ensemble, comme effet, et en agrément en tant que lieu de repos.

Le kiosque rustique, ou abri de cour de tennis que repré-

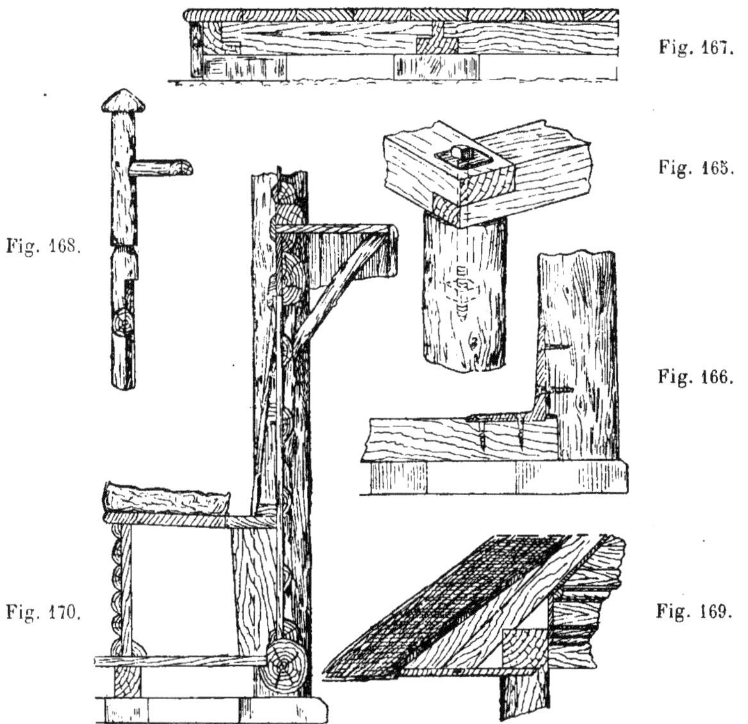

Fig. 165. — Assemblage des traverses au poteau d'angle. — Fig. 166. — Assemblage de la barre de soutien aux poteaux. — Fig. 167. — Coupe du plancher. — Fig. 168. — Bouquet de pinacle ou « panache ». — Fig. 169. — Détail de l'abri de jardin au larmier de la façade. — Fig. 170. — Coupe du siège.

sentent, vu de face et vu de côté, les figures 162 et 163, est construit avec des troncs de petits arbres et des branches, très droits, dont l'écorce a été enlevée et qui ont été mis à sécher pendant un temps suffisamment long. Un élément nouveau de ce modèle est le dispositif que l'on remarquera sous les sièges, destiné à recevoir les objets nécessaires au jeu du croquet ou du tennis, de même que l'extension du larmier et du plancher (voir la figure 164), et la façade ouverte qui donne à la fois la vue sur tout le terrain de jeu et un abri contre les rayons directs du soleil.

La construction a 3 m. 50 de long sur 1 m. 80 de large ; la hauteur, du plancher au larmier, est de 2 m. 10, et du plancher au faîtage, de 3 mètres.

Les quatre poteaux ont 2 m. 25 de longueur pour un diamètre de 15 centimètres. Le milieu, le côté plus bas et les barres de l'arrière sont assemblés par des tenons aux poteaux; une surface plane sera ménagée devant la mortaise sur chaque poteau, et une saillie correspondante sera reproduite sur les barres. Le reste est préparé de manière à s'adapter approximativement sur la périphérie du poteau.

Les traverses ont une section carrée de 13 centimètres de côté et sont fixées aux poteaux au moyen de longs boulons galvanisés avec des écrous, et des petites plaques carrées de 9 centimètres de côté sous les têtes des boulons. Lorsque l'on partagera en deux la planche de devant, il faudra la laisser pénétrer de 4 centimètres dans les planches des côtés, pour faire le raccord qui lui donnera ainsi un point d'appui sur les deux poteaux. Dans la figure 165, la planche de gauche représente la façade. Les poteaux de devant sont reliés au niveau du plancher par une petite solive de 10 centimètres sur 8, qui forme également soutien pour les lambourdes du plancher. C'est ce que montrent les figures 166 et 167.

La construction repose sur un bas bandeau de briques; des intervalles sont ménagés pour assurer la circulation de l'air sous le plancher.

La partie du plancher qui est en dehors de la construction proprement dite repose, elle aussi, sur des briques placées immédiatement au-dessous des lambourdes; voyez à ce sujet la figure 167, qui est une coupe suivant C-D de la figure 164. La plinthe en branches qui est clouée autour du devant aura pour but de dissimuler les solives et les briques des fondations.

Les chevrons ont 7 centimètres sur 8; le faîtage et les chevrons principaux, 5 centimètres sur 13; les panaches (voir la figure 168) sont cloués entre les angles des hanches. Le larmier de la façade avance de 65 centimètres sur les poteaux. La figure 169 indique la manière d'obtenir la largeur complémentaire.

Les côtés sont remplis au moyen d'une cloison en planches

Fig. 171. — Procédé pour fixer le coussin sur le siège.
Fig. 172. — Vue de face du kiosque octogonal.

encastrées de 2 centimètres d'épaisseur, sur laquelle on fixe le motif rustique.

On pose ensuite les vitraux.

A l'extérieur de la face postérieure du kiosque il y a des attaches obliques faites avec des branches taillées en deux, tandis qu'au milieu un poteau s'élève du seuil jusqu'à la barre supérieure.

Les attaches et le poteau se voient sur le plan qu'est la figure 164.

Les sièges sont construits de manière à former des coffres

(voir la figure 170, qui est une coupe suivant AB de la figure 164) ; leur hauteur est de 43 centimètres, ce qui, avec l'addition d'un coussin de 8 centimètres, donnera un siège confortable à tous égards.

Ces coussins sont tenus en place au moyen de courroies passant dans des fentes et attachées à des boutons sur les côtés. Voir à ce sujet la figure 171. Ce procédé fournit le moyen de retirer facilement et de replacer rapidement les coussins suivant les besoins du moment. Il faut laisser, au dossier en pente, un espace de 8 centimètres, soit une distance égale à l'épaisseur des coussins, pour permettre de lever le siège pour ouvrir le coffre.

La destination du coffre est dissimulée en partie par le motif d'ornementation rustique en branches fendues qui est cloué sur la face de devant.

On fixera ensuite le treillage entre les panaches et sous la traverse de la façade. Les petites fiches de soutien placées sur les poteaux de devant sont plutôt là pour l'ornementation que pour contribuer à la solidité du kiosque.

La toiture est doublée de planches à l'intérieur ; ce travail est exécuté sur les chevrons jusqu'à la hauteur des traverses du pignon, puis continué ensuite à plat sur celles-ci. Une moulure est placée dans les angles que forment les chevrons et les traverses ; une corniche est posée sur les bandeaux. Les talons des chevrons et des bandeaux sont également doublés de planches tout autour, comme le montre la figure 169.

La couverture du toit peut se faire avec du chaume de blé, de la paille, des roseaux, du genêt ou de la bruyère, et toute la partie visible de la boiserie doit être vernie.

Le kiosque représenté par la figure 172 est destiné à un jardin de dimensions moyennes où le manque de place n'oblige pas à reléguer la petite construction contre un mur. Ce kiosque octogonal a un siège continu d'environ 5 mètres de long. Il mesure 3 m. 30 centimètres entre deux côtés parallèles. La figure 172 le montre en élévation.

La charpente et la partie principale sont en poteaux de mélèze ; mais on se sert, cependant, de bois d'autres essences pour les parties secondaires. Le toit est en chaume. Dans son ensemble, cette construction présente une certaine ressem-

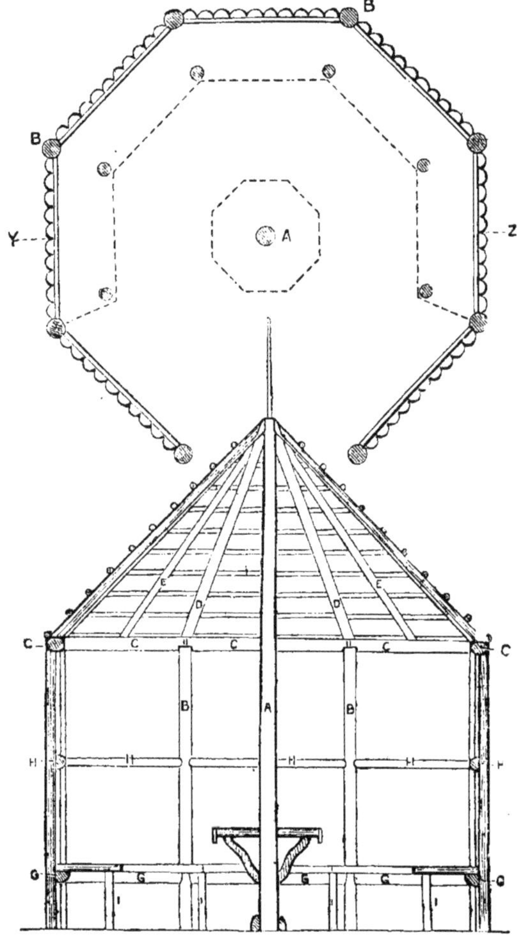

Fig. 173. — Plan du kiosque octogonal.
Fig. 174. — Coupe du kiosque octogonal suivant Y Z (fig 173) montrant la charpente.

blance avec une tente. Elle a un pilier central, A, assez semblable au poteau d'une tente, qui supporte la plus grande partie du poids de la toiture. Comme il est de première importance, il est un peu plus gros que les autres pièces de la charpente, c'est-à-dire qu'il a 15 centimètres de diamètre à la base et sur la plus grande partie possible de sa hauteur. Une tige de fer ou de bois se dresse sur le sommet de manière à former le centre du pinacle en paille que l'on voit, surmontant le toit, dans la figure 172. Ce pilier atteint la hauteur de 3 m. 70 au-dessus du sol, et il doit avoir au moins 1 mètre au-dessous de la ligne de terre, car il faut qu'il soit solidement établi pour ne pas se déplacer de sa position verticale pendant que l'on mettra la toiture. Une fois que la charpente du toit sera mise en place, il y a peu de risques qu'il se déplace.

La figure 173 est le plan de l'ouvrage ; quant à la figure 174, c'est une coupe qui montre les pièces de la charpente vues de l'intérieur. Ces deux figures sont établies à l'échelle de 18 millimètres au mètre.

Les huit poteaux d'angle (B des figures 173 et 174) de l'octogone sont d'un bois un peu plus petit, soit 10 centimètres de diamètre. Ils ont 2 mètres au-dessus du sol, et au moins 65 centimètres au-dessous de la ligne de terre.

Il sera bon de goudronner très soigneusement tout le bois qui devra être enfoncé dans la terre, pour en assurer la conservation.

Le plan d'un tel kiosque est bien vite reporté sur le terrain. Le sol étant nivelé, on prend une corde qui a une boucle à chaque bout, et une longueur de 1 m. 70 centimètres. Un pieu fiché dans la terre au milieu du terrain est ensuite passé dans l'une des deux boucles; en le prenant comme centre et en se servant d'un bâton mis dans l'autre boucle comme de la branche mobile d'un compas, on trace une circonférence ayant 3 m. 40 centimètres de diamètre. Sur cette dernière, on plante à égale distance les unes des autres — à 1 m. 35 d'intervalle dans le cas actuel des chevilles qui marquent l'emplacement des poteaux d'angle. On conserve ces points sur le terrain pendant que l'on creuse les trous qui doivent recevoir ces poteaux en y traçant deux lignes droites qui se coupent à l'endroit précis où doit se trouver le centre de chacun des poteaux. Ces lignes seront marquées soit en creux au moyen d'un bâton, soit à la craie.

Les traverses qui reposent sur les poteaux d'angle et qui font office de sablière sont d'un bois un peu plus petit que les poteaux, soit 8 centimètres de diamètre. La figure 175 montre comment elles sont taillées pour s'ajuster sur l'extrémité inférieure des poteaux, où on les cloue. Dans la construction qui nous occupe, il n'y a pas de raccords par mortaise et tenon. Sur ces extrémités au-dessus des poteaux reposent les extrémités inférieures des huit chevrons principaux, D, dont les extrémités supérieures prennent appui sur le pilier central, sur lequel elles sont fixées avec des clous. Les huit chevrons intermédiaires, E, posent par

Fig. 175. — Poteaux d'angle et sablières.

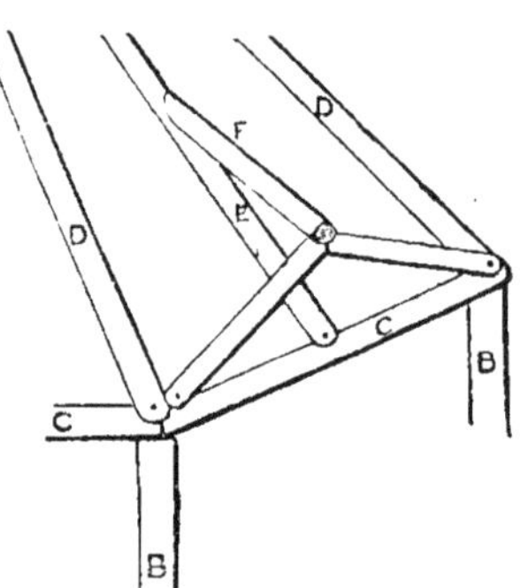

Fig. 176. — Charpente au-dessus de l'entrée du kiosque octogonal.

le bas sur le milieu des traverses des côtés, tandis que, par en haut, ils sont taillés de manière à s'adapter sur les sommets des grands chevrons et entre ceux-ci.

Les lattes dont on se sert n'ont, dans le cas actuel, rien de particulier ; n'importe quelles baguettes conviendront bien pour cela. Elles ne seront pas visibles, et, sous le chaume, il n'est pas nécessaire qu'elles forment une surface unie, comme lorsqu'il s'agit de tuiles ou d'ardoises. On les cloue à des intervalles de 15 à 20 centimètres les unes des autres.

Le pignon qui surmonte l'entrée est disposé comme le montre la figure 176. Les lattes, quand elles seront clouées, devront dépasser le petit faîtage formé par F, au lieu de s'arrêter à ce niveau, comme des autres côtés. Cela n'amènera aucune difficulté particulière lors de la pose du chaume.

Les murs sont formés avec des poteaux de mélèze sciés en deux. C'est un long et pénible travail que de partager en deux un certain nombre de lourds poteaux à l'aide d'une scie à main ; il serait préférable de les faire préparer dans une scierie mécanique. On peut aisément calculer la quantité de bois qui sera nécessaire. Chacune des faces de la construction demande cinq longueurs et demie de 2 mètres de bois ayant 10 centimètres d'épaisseur. Les extrémités supérieures de ces morceaux seront sciées obliquement, de manière à s'ajuster contre les sablières rondes sur lesquelles on les cloue. A leur partie inférieure, elles sont clouées aux traverses du bas, G, G, G, de la figure 174.

Ce qui convient le mieux pour faire ces dernières, c'est un bois assez gros coupé en quatre, parce que leurs côtés supérieurs, sur lesquels reposent les planches des sièges, doivent être au même niveau, de même que la partie postérieure qui s'applique contre les pièces de bois qui constituent le mur.

Les traverses placées au milieu sont d'un bois plus petit partagé en deux, et elles devront être clouées sur les pièces de bois du mur, au lieu que ces dernières soient clouées sur elles, car elles sont bien en vue, et des clous qui y seraient enfoncés et rabattus feraient mauvais effet.

Les supports antérieurs des sièges sont fichés dans le sol jusqu'à une profondeur de 15 centimètres environ et dépassent de 36 à 37 centimètres la ligne de terre. Quant aux sièges, ils devront être taillés dans des planches de 3 centimètres d'épaisseur, et avoir 40 à 42 centimètres de large.

Dans les deux côtés de l'octogone qui forment fenêtre (voir les figures 172 et 177), l'espace qui se trouve en dessous est rempli au moyen de poteaux entiers reposant par le bas sur un seuil engagé dans la terre, et au niveau du sol environnant ; par en haut, on les cloue à travers une barre en bois de demi-épaisseur, K, de la figure 177. Les meneaux et les linteaux des fenêtres, qui sont de simples bâtons, sont en mélèze droit et mince, tandis que le remplissage décoratif du haut est formé avec des branches tortueuses, de chêne, de préférence, ou de pommier, qui convient aussi très bien. Il arrive souvent que l'on abat un vieux pommier, qui est destiné à faire simplement du bois de chauffage; pourtant, son tronc peut présenter des nodosités pittoresques, de même que ses branches peuvent avoir un profil intéressant; cela leur donnerait une certaine valeur au point de vue de la construction rustique. Quel que soit le travail de ce style que l'on ait en vue, il est bon d'avoir à sa disposition du bois de cette espèce; un seul arbre peut fournir tout ce qui est nécessaire en fait de bois tordu pour le cas actuel;

Fig. 177. — Côté à fenêtre du kiosque octogonal.

même les tiges contournées du lierre, lorsque le temps leur a laissé prendre un assez grand développement, sur un vieux mur, par exemple, ont été parfois employées avec succès dans ce but.

On peut faire observer que toutes les fentes qui existeraient entre les pièces de bois au-dessous des fenêtres, aussi bien, d'ailleurs, que dans une autre partie quelconque des murs, sont très facilement et parfaitement bouchées à l'aide d'un tampon de mousse bien serré que l'on y introduit de force.

La figure 177 représente une élévation complète, vue de face de l'un des côtés à fenêtre, que la figure 172 ne montre qu'obliquement.

Pour supporter la table que représentent les figures 178 et 179, on prend quatre forts morceaux de bois noueux, en guise de fiches de soutien ; de la planche de 2 centimètres d'épaisseur suffira pour faire le plateau de cette table ; il faudra très probablement la tailler sur deux largeurs. En vue de donner une résistance suffisante à la bordure décorative que l'on voit par la figure 179, on fixe une seconde épaisseur de planche au-dessous de chacun des angles, sur 8 à 10 centimètres de chaque côté, de manière à permettre de maintenir en place chacun des longs morceaux de baguette fendue, au moyen de deux attaches qui sont visibles sur la figure.

On trouve difficilement une matière première réellement satisfaisante avec laquelle on pourrait achever le plateau d'une table rustique. Il faut obtenir une surface unie, et, en même temps, qu'elle soit en harmonie avec l'entourage. On se rend compte que de la planche, rabotée ou peinte, de la toile cirée, ou tout autre produit manufacturé est déplacé ; du marbre ou de l'ardoise paraît froid et dur. Rien de ce qui est absolument uni ne remplit les conditions recherchées. Ce qui convient encore le mieux, c'est la mosaïque rustique. On entend par là des baguettes de bois fendues, et assujetties à l'aide d'attaches de manière à former des dessins. Toutefois, dans le cas présent, il faut faire la mosaïque plus nette et plus unie qu'à l'ordinaire.

La figure 178 représente le plateau de la table terminé de cette façon.

Les baguettes de noisetier méritent la préférence pour ces travaux en mosaïque rustique. On devra les acheter bon marché et en quantité au moment où l'on coupe les taillis. L'écorce en est unie et jolie ; la grosseur utile est de 2 à 4 centimètres de diamètre. Il est également possible de se servir de baguettes d'autres essences, qui auront les mêmes dimensions. Nous nommerons le bouleau et le merisier parmi celles dont l'écorce est unie, et l'orme et l'érable au nombre de celles qui ont une écorce rugueuse ; de même, le saule et l'osier sont très répandus et extrêmement utiles. Dans les régions qui avoisinent des rivières, ce sont souvent les meilleur marché et les plus communes de toutes les espèces de bois. Quand on les emploie à de la mosaïque, il est indispensable de les écorcer, car leur écorce

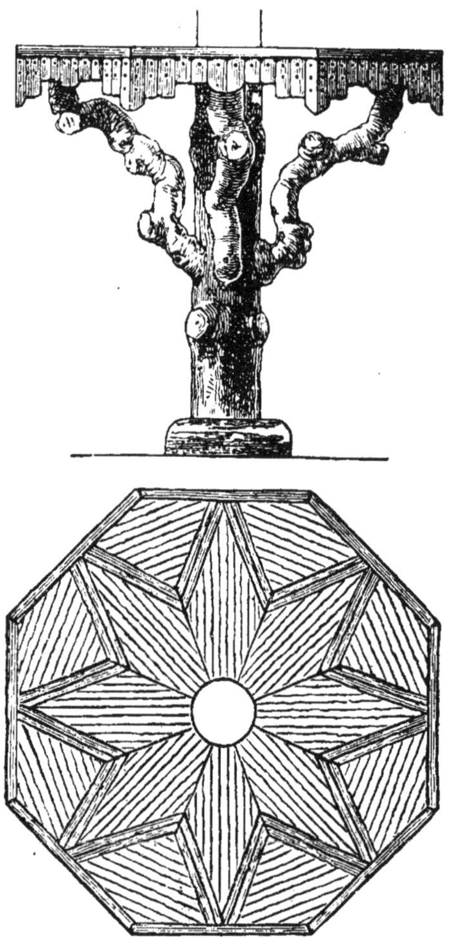

Fig. 178 et 179. — Plan et élévation de la table du kiosque octogonal.

n'a pas de valeur au point de vue décoratif, et leur couleur claire les fait ensuite paraître très avantageusement en contraste avec la teinte plus foncée des autres écorces. Si on s'en sert, et c'est fréquent, dans la construction d'articles de jardin destinés à rester exposés dehors, il faut toujours enlever l'écorce.

Les charpentiers de la campagne prétendent que l'osier dure deux fois plus longtemps quand il a été dépouillé de son écorce que lorsqu'il la conserve ; et il y a là beaucoup de vérité, attendu que l'écorce séchée et flétrie retient de l'humidité sur le bois et le fait pourrir.

Pour pouvoir écorcer facilement le bois, il faut le couper aussitôt que les feuilles font leur apparition. Il en est ainsi pour toutes les essences.

Si, cependant, on désire que l'écorce reste, il faudra couper le bois au cœur de l'hiver, alors que toute sa sève est descendue.

Le plateau de la table est censé composé principalement avec de l'osier écorcé. Le dessin ne comporte que la double ligne sombre qui borde l'étoile et la simple baguette qui forme l'encadrement du plateau. Le tout se fait en noisetier. Tant de blanc ne fera pas mauvais effet en cet endroit ; de plus, l'osier offre un grand avantage : on le travaille très facilement.

Les fibres du noisetier et de la plupart des bois sont tellement contournées qu'il est à peine prudent de les partager, si ce n'est au moyen d'une scie ; toutefois, l'osier, sur d'aussi faibles longueurs tout au moins, pourra être fendu avec une hachette.

Dans la charpenterie, il n'y a pas de travail plus joli ni plus intéressant que ces sortes de mosaïques.

Les dossiers des sièges (fig. 180) et les sièges eux-mêmes (fig. 181) sont décorés de cette façon.

Sur les sièges, de même que sur le plateau de la table, on fait des effets de contraste avec le noisetier et l'osier, et on les dispose en forme de dessin en triangles alternés ; les bandes de séparation ont, comme on peut le remarquer, une baguette foncée auprès du triangle clair et une baguette claire auprès du triangle foncé.

On se contente de clouer le long du bord des sièges une ou deux baguettes.

Cette bordure n'est pas applicable à l'ornementation de la table ; à cet endroit, elle serait trop exposée à être cassée.

Nous recommanderons de faire le dossier des sièges exclusivement avec des bois recouverts d'écorce foncée, parce que la mosaïque ainsi disposée aura une apparence bien meilleure sans mélange d'osier de couleur claire.

Les compartiments supérieurs des côtés, avec lesquels le dos des personnes qui s'assiéront n'aura pas de contact, pourront être plus rapidement et plus facilement recouverts avec des feuilles

Fig. 180. — Côté du siège du kiosque octogonal.

d'écorce. L'écorce d'orme convient parfaitement pour cet usage. Elle peut être enlevée par larges plaques du tronc des arbres abattus au printemps, à l'époque où la sève monte. Pendant qu'elle sèche, il faut la tenir à plat sous des briques ou des pierres assez lourdes. Lorsque les plaques sont bien sèches, on les cloue sur les murs, et, s'il se produit des fentes, on peut les boucher proprement avec de la mousse. L'espace qui se trouve au-dessous des sièges est également représenté couvert grossièrement avec de l'écorce.

Le toit, de forme presque conique, est couvert de chaume. C'est le mode de couverture le plus approprié à la construction rustique. Sa couleur et son aspect fruste s'harmonisent bien avec le bois naturel et il n'évoque rien que des choses d'un caractère rustique. Aucune autre couverture ne préserve aussi complètement de la chaleur de l'été, et on ne peut trouver que sous la toiture basse d'une chaumière un abri qui offre la fraîcheur, le calme et le repos. Il faut, toutefois, admettre que le chaume présente certains inconvénients réels : les oiseaux et les vents peuvent en emporter des fragments ; il est indispensable de le renouveler à des intervalles relativement courts. On dit couramment qu'une toiture en chaume doit être refaite tous les dix ans. Telle est, sans doute, souvent la vérité approximative ; mais un travail vraiment bien exécuté durera fréquemment bien près de vingt années. Les matières premières que l'on emploie à la campagne sont : les roseaux, la paille et le chaume.

Les roseaux donnent une toiture résistante, mais on éprouve quelque difficulté pour s'en procurer, si ce n'est dans les pays marécageux.

Le chaume, qui est la partie la plus basse et la plus robuste de la tige du blé, résiste mieux que la paille, qui en est la partie supérieure et aussi la plus faible. Pour qu'il soit dans de bonnes conditions pour durer, le chaume devra être coupé immédiatement après la moisson, et ne devra pas être laissé sur pied, comme cela arrive le plus souvent, jusqu'au printemps, car alors les eaux des pluies de l'hiver, s'amassant dans la partie creuse des tiges, le font pourrir avant qu'il soit coupé.

Sur les petites constructions du genre des kiosques, surtout, le chaume fournit une toiture beaucoup plus compacte et plus élégante que la paille.

L'exécution d'une toiture en chaume n'est un travail ni coûteux ni difficile. Dans les régions agricoles, une voiture de chaume, c'est-à-dire de quoi couvrir trois kiosques comme celui qui nous occupe actuellement, coûte quarante francs, et le salaire des couvreurs en chaume est minime. Un couvreur a besoin d'un aide dont la besogne consiste à rassembler le chaume et à former des bottes, qu'il lui passe au fur et à mesure de ses besoins. S'il répare simplement la toiture d'un vieux bâtiment, l'ouvrier n'a qu'à enfoncer le chaume neuf par un bout sous l'ancien à l'aide d'un outil en bois ; mais s'il fait une toiture à neuf, il coud ses bottes de chaume sur les lattes et sur les chevrons avec une très grande aiguille et de la ficelle solide goudronnée. Il commence par le bord du toit, couvrant autant qu'il peut d'un côté de son échelle ; il continue son travail en montant, chacune des nouvelles couches recouvrant le cordeau goudronné qui fixe celle de dessous, jusqu'à ce que le faîte du toit soit atteint et couvert. Lorsqu'il pose une deuxième brassée de chaume, il a soin d'en mélanger le bord avec celui de la première, de façon que la pluie ne puisse passer entre elles ; dans

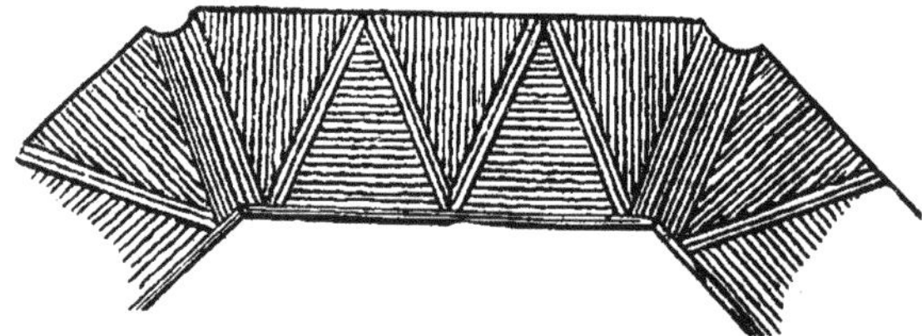

Fig. 181. — Sièges pour le kiosque octogonal.

cet endroit, il met le meilleur du chaume par-dessus le reste moins bon pour obtenir une protection plus complète. Une fois qu'il est mis en place, le chaume est égalisé et aplani à l'aide d'un très grand peigne qui ressemble assez à un râteau sans manche ; l'une des extrémités, dépourvue de dents, tient lieu de poignée.

Dans le cas actuel, les sommets de toutes les brassées se rassemblant en un même point sont achevés et recouverts du petit cône en chaume qui forme le pinacle ; le tout est lié et fortement serré autour du bâton de bois, ou de la tige de fer placée au centre.

Habituellement, on relie le chaume avec, au minimum, deux rangs de boucles et de coulants. Dans le petit kiosque que représente la figure 172, on a mis deux doubles rangs. Les boucles employées à cet usage ont quelque ressemblance avec des épingles à cheveux considérablement agrandies. Elles sont faites de rameaux d'osier tordus et doublés en leur milieu et dont les bouts sont taillés en pointe; les coulants sont de longs brins du même bois. On place ces derniers en travers du chaume, et les boucles étant posées dessus sont fortement poussées vers l'intérieur, les pointes vers le haut, pour que l'humidité ne puisse pénétrer par là dans la toiture. Les petits coulants obliques représentés sur la figure s'entrecroisant entre les lignes horizontales ne servent que comme ornement pour le chaume et n'ont pas d'autre utilité. Pour finir, le bord du toit est taillé en forme et égalisé au moyen d'un tranchet et de cisailles.

La toiture est d'aspect plus joli et plus confortable intérieurement si on a le soin de la tapisser de bruyère ; on assujettit celle-ci par un procédé analogue à celui qui a été employé pour fixer le chaume. On en étale une couche le long du fond, à l'opposé et en-dessous du bord de la toiture, et on la retient par une baguette de bois clouée d'un chevron à l'autre ; la couche suivante dissimule cette baguette. Le travail est continué de la sorte jusqu'au sommet, où un nœud, découpé du tronc d'un pommier, un bouquet de pommes de sapin, ou quelque autre objet de genre approprié achève le tout.

Dans les contrées où il n'y a pas de bruyère, on peut employer à la place des ajoncs ou des genêts; nous conseillons alors de mettre de gros gants pour manipuler ces matières. A la rigueur, on peut même prendre des extrémités de branches de sapin.

Il n'est pas toujours facile de trancher la question au sujet du choix de l'aire. Des planches sembleront sans doute peu à leur place. Du gravier est plutôt dans la note : c'est sec et propre et cela peut contribuer à l'effet décoratif général si l'on arrive à obtenir des pierres de couleurs différentes qu'il sera même loisible de disposer en forme de dessins plus ou moins géométriques. Cependant, le gravier manque d'agrément pour les personnes qui portent des chaussures fines.

Quant au sable, dans les endroits où il est toujours sec, il devient aisément poussiéreux ; de plus, il endommage les vêtements des dames; si, cependant, on s'en servait, le meilleur moyen d'empêcher la montée de l'humidité et, autant que possible, la poussière, serait peut-être de le mettre sur de l'asphalte : sur le fond de pierres cassées et une couche de gros gravier, étendre un lit d'asphalte ou de goudron ordinaire sur lequel on tamisera du sable lavé, en quantité suffisante pour recouvrir le tout. Cependant, un pavé de bois fait avec des

Fig. 182. – Kiosque octogonal à trois pignons.

petits poteaux de mélèze taillés en billettes de 13 à 15 centimètres, et placées avec soin suivant une disposition géométrique, donnera le plus sec et le plus confortable des planchers, qui, en outre, s'harmonisera avec chacun des éléments de ce kiosque.

La construction octogonale représentée par la figure 182 est faite en bois rustique verni. Les grosses et petites branches

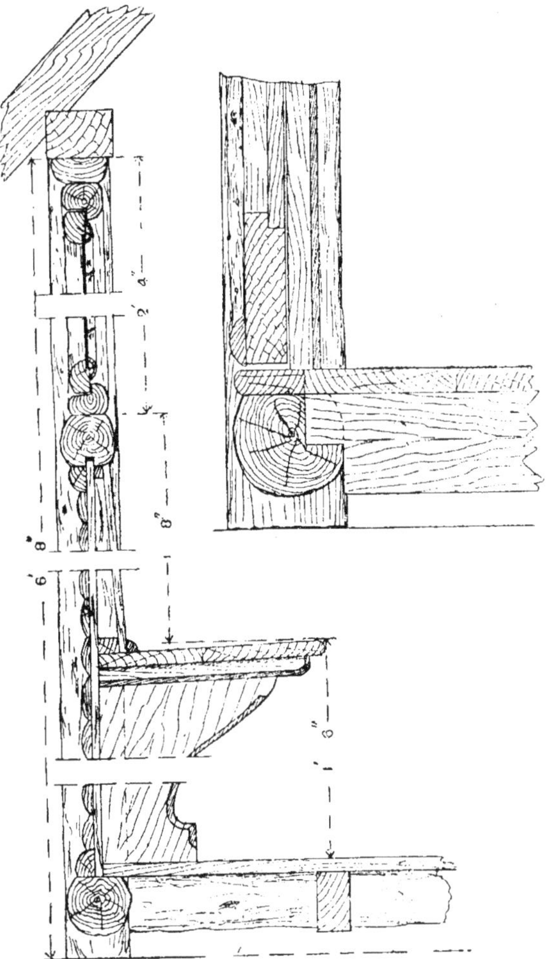

Fig. 183. — Coupe verticale du kiosque octogonal sur un côté du chambranle de la fenêtre. — Fig. 184. Coupe verticale du kiosque octogonal à la partie inférieure de la porte et au seuil.

que l'on y emploiera devront être aussi droites et régulières que possible, et dépouillées de leur écorce.

Les huit poteaux ont 10 centimètres de diamètre et une longueur de 2 m. 20 centimètres. Les courtes pièces de bois qui constituent les seuils ont également un diamètre de 10 centi-

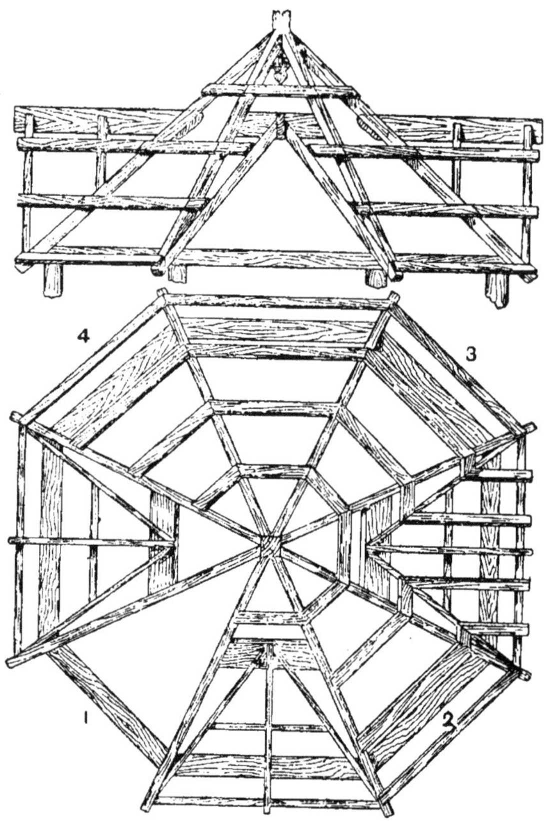

Fig. 185 et 186. — Elévation et plan de la toiture du kiosque octogonal.

mètres, tandis que les barres du milieu ont 9 centimètres, et que la traverse a 8 centimètres sur 12. Le plancher et la toiture sont faits avec des solives ordinaires.

Les poteaux sont disposés sur une circonférence ayant 2 m. 15 centimètres de diamètre. Ils sont séparés par des intervalles de 74 centimètres environ, sauf les poteaux qui forment

Fig. 187. — Pose du vitrage dans le chambranle de la fenêtre.

Fig. 188. — Moitié de la vue de face et moitié de la vue d'arrière de la porte du kiosque octogonal.

Fig. 189. — Coupe de la porte du kiosque octogonal.

les côtés de la porte qui sont à une distance de 84 centimètres mesurée entre les centres de l'un et de l'autre. Il faudra aplanir une certaine partie de ces poteaux, afin d'obtenir un meilleur ajustement de la porte, des panneaux et des fenêtres ; le bord supérieur du seuil sera également raboté de manière à recevoir les lames du parquet, et un chanfrein sera pratiqué pour permettre l'assemblage des lames ajustées de 1 cm. 5 d'épaisseur (voir la figure 183.)

Le seuil et les barres du milieu sont préparés et fixés au moyen de tenons obtus aux poteaux. La planche est entaillée sur sa demi-épaisseur, pourvue de goujons et clouée aux poteaux. Les lambourdes ont 5 cm. sur 10 et sont assemblées au moyen d'entailles aux seuils (voir la figure 184), puis couvertes avec des lames de parquet de 2 cm. 5 d'épaisseur.

Le toit est fait à trois pignons, quatre paraissant inutiles, car un kiosque est habituellement adossé à un massif d'arbustes.

Il faut huit chevrons de faîte, et, en fixant les talons de chaque couple de chevrons sur les côtés de la planche marquée 1, 2, 3 et 4 (voir la figure 185), on gagne plus de place pour les pignons. Les faîtes et les pièces du creux des pignons sont assujettis à une large volige vissée au côté inférieur des chevrons de faîte (voir les figures 185 et 186). Quelques-unes des voliges ont été omises sur la figure 185 afin de donner une meilleure vue des pignons et du reste.

Le toit est généralement couvert en paille de blé, et le cône du sommet est, soit en genêt, soit en bruyère. La couleur foncée de ces deux plantes s'harmonise beaucoup mieux avec un kiosque verni que ne le ferait une toiture toute en paille.

Les quatre panneaux inférieurs sont constitués avec des lames de bois ajustées, qui arrivent jusqu'au niveau de la planche dans les trois divisions postérieures. La décoration rustique est ensuite assemblée et clouée, sauf sur les panneaux placés par derrière.

Il y a quatre fenêtres qui s'ouvrent vers l'extérieur. La figure 187 représente une coupe agrandie de l'une des fenêtres. Un petit chanfrein est ménagé pour recevoir les vitraux à plombs qui sont, d'autre part, retenus en place par une baguette de bambou fendu fixée au moyen de vis de laiton à tête ronde.

La porte (voir les figures 188 et 189) a 2 m. 3 centimètres sur 74 centimètres. L'ornementation rustique est posée et assujettie sur le cadre. Le milieu du panneau en relief est revêtu de liège. Le panneau supérieur est pourvu de vitraux de couleur.

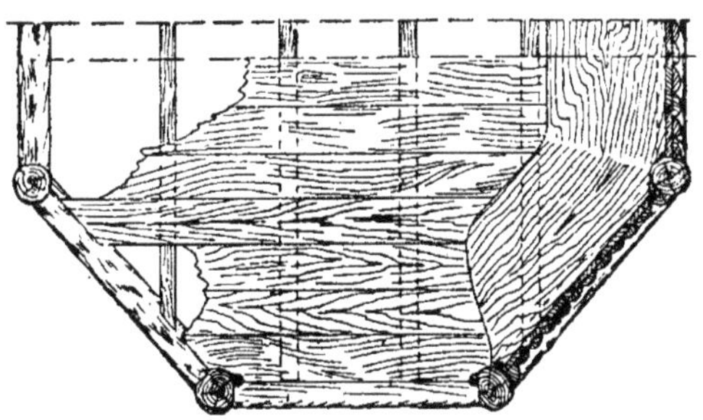

Fig. 190. — Plan partiel du kiosque octogonal.

Trois charnières et une serrure ou un loquet seront fixés à la porte, intérieurement.

Quant au panneau inférieur, il est formé avec des lames de bois ajustées.

Nous noterons maintenant quelques autres illustrations.

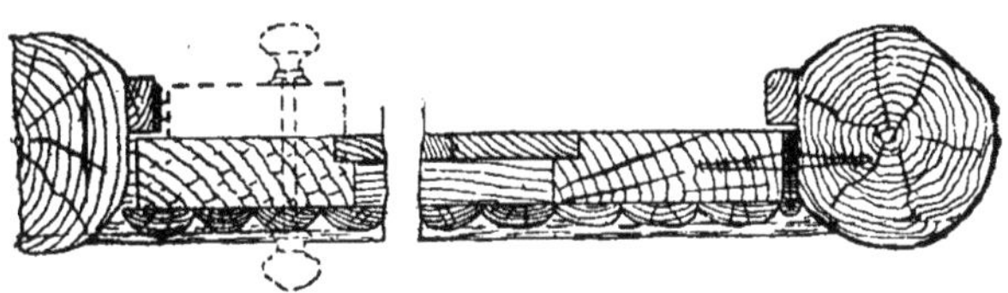

Fig. 191. — Coupe horizontale à travers les poteaux de la porte.

La figure 190 est un plan partiel du kiosque octogonal; la figure 191, une coupe horizontale par les poteaux de la porte. La figure 192 donne une coupe partielle d'un panneau latéral. La figure 193 explique la manière de fixer la traverse aux poteaux. Quant à la figure 194, elle représente le bouquet de pinacle ou panache.

Un siège, d'une largeur de 33 centimètres, supporté par de

larges voliges qui, à leur tour, reposent sur des appliques à entailles, est fixé dans chacun des angles. Un dossier en pente

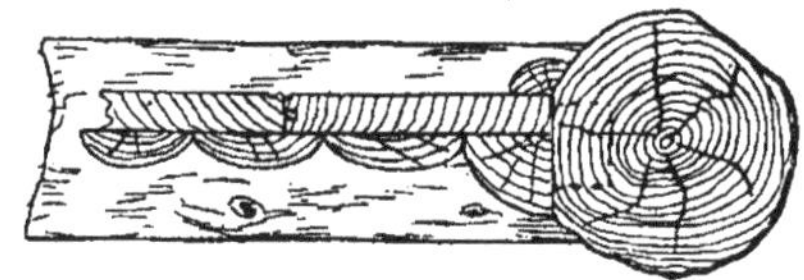

Fig. 192. — Coupe partielle d'un paneau de côté.

(voir la figure 183) est ensuite ajusté, qui contribue au confort général.

Nous allons nous occuper enfin de la décoration intérieure.

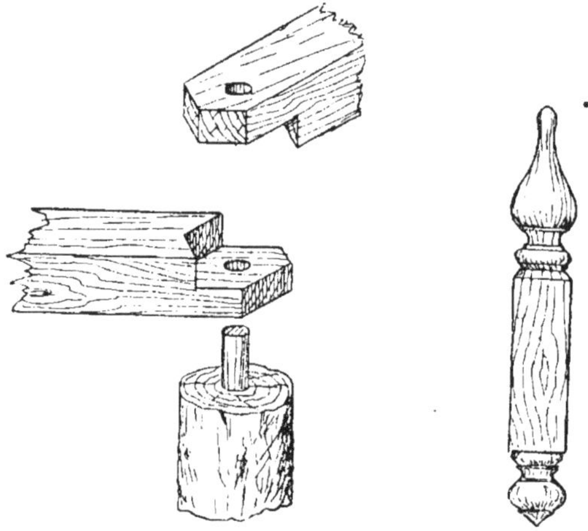

Fig. 193. — Assemblage de la traverse aux poteaux.
Fig. 194. — Bouquet de pinacle ou panache.

On peut recouvrir le plancher avec du linoleum, mettre sur les sièges des tapisseries ou des coussins.

Les dossiers des sièges et les murs seront très bien à tous les points de vue si on les tapisse de nattes indiennes ou avec du papier cuir du Japon. On dissimulera très heureusement les raccords et les angles avec du jonc ou du bambou fendu.

Pour faire le plafond, on commencera par tendre de la grosse toile qui sera clouée sur la face inférieure des chevrons, et on fixera sur celle-ci les éléments de la décoration que l'on désire exécuter.

Ce kiosque est établi sur des pierres plates qui s'élèvent de 2 à 3 centimètres au-dessus du terrain environnant. Les extrémités inférieures des poteaux sont enduites de poix ou recouvertes par un revêtement en plomb laminé.

Enfin, on peut, si on le désire, faire en sorte que les espaces triangulaires qui se trouvent dans les pignons s'ouvrent vers l'intérieur et contribuent de la sorte à la ventilation du kiosque.

TABLE DES MATIÈRES

E. GREVIN — IMPRIMERIE DE LAGNY

BIBLIOTHÈQUE DES ACTUALITÉS INDUSTRIELLES

1. — **Le Transport de la force par l'Electricité**, par Ed. Japing, ingénieur-électricien. — Troisième édition. — Annotée et augmentée de la description du Transport de la force, par M. Marcel Deprez, membre de l'Institut. — In-16, 49 figures. — Prix . . . . **5** fr.

2. — **Manuel pratique du Téléphone**. — **Installations privées**, par T. Schwartze. — Troisième édition, 153 figures. — In-16. — Prix . . . **4** fr.

3. — **L'Electrolyse et l'Electrométallurgie**, par E. Japing. — Troisième édition augmentée par L. Guillet, 60 figures. — In-16. — Prix . . . **4** fr.

4. — **Les Lampes électriques**, par P. d'Urbanitzki. — Deuxième édition augmentée par Georges Fournier. — In-16, 126 figures. — Prix. **4** fr. **50**

5. — **Les Piles électriques et les Piles thermo-électriques**, par W. Hauck. — Troisième édition, par G. Fournier. — In-16, 71 figures. — Prix . . . . **4** fr. **50**

6. — **Traité des Piles électriques**, par Donato Tommasi. — In-16, 139 figures. — Prix . . . . **7** fr. **50**

7. — **Tables à l'usage des Constructeurs**, donnant, par la connaissance de la corde et de la flèche, le rayon, l'angle au centre, etc., par L. Sergent. — In-16. — Prix . . . . **1** fr. **50**

8. — **Manuel du Briquetier : Briques, Tuiles, Carreaux**, par Émile Lejeune et Bonneville, augmenté par H. de Graffigny. — In-16, 209 figures — Cart. toile anglaise. — Prix . . . . **12** fr.

9. — **Manuel du Chaufournier et du Platrier**, par Emile Lejeune. — Quatrième édition, augmentée par H. de Graffigny. — In-16, cart. toile anglaise. — Prix . . . . **6** fr.

10. — **Les Sonneries électriques**, par G. Fournier, ingénieur-électricien. — Cinquième édition. — In-16, 59 figures. — Prix . . . . **2 fr. 50**

11. — **Eclairage électrique dans les appartements.** — (Voir 124).

12. — **Le Frottement, le Graissage des Machines et les Lubrifiants**, par R. H. Thurston. — Deuxième édition. — In-16, 22 figures. — Prix . . **4 fr.**

13. — **Manuel pratique du Savonnier**, par MM. Calmels et Wiltner, chimistes. — In-16, 26 figures. — Troisième édition française. — Prix. . **4 fr.**

14. — **Terminologie électrique**. Vocabulaire français, anglais, allemand, des termes employés en électricité, par G. Fournier, ingénieur-électricien. — In-12. — Prix . . . . **1 fr.**

15. — **Manuel du Parfumeur**, par W. Askinson. — Deuxième édition française, par G. Calmels. — In-16, 30 figures. — Prix. . . . . **6 fr.**

16. — **Science et Guerre**. Télégraphie optique. — Eclairage électrique. — Cryptographie. — Poste par pigeon, par Max de Nansouty. — In-16, 57 figures, 3 planches. — Prix. . . . . **4 fr.**

17. — 2ᵉ partie. — Traité de téléphonie. — Installations industrielles à grande distance, par le Dʳ Wietlisbach. — In-16, 123 figures. — Prix. . . . . . **4 fr.**

18. — **Guide du Photographe et de l'Amateur Photographe**, par Paul Fabre-Domergue. — In-16, 48 figures, — Prix . . . . **1 fr.**

— **Manuel général des Vins**, par Édouard Robinet (d'Epernay). Trois beaux volumes in-16, 136 figures. — Prix. . . . . **15 fr.**

On vend séparément :

19. — Tome Iᵉʳ — Vins rouges. — Vins blancs. — Vins artificiels. . . . . **5 fr.**

20. — Tome II. — Vins mousseux. — Champagnes. — Prix . . . . **5 fr.**

21. — Tome III. — Analyse des Vins. — Fermentation. — Prix . . . . . **5 fr.**

22. — **Guide pratique du Distillateur**. — **Fabrication des Liqueurs**. Édouard Robinet (d'Epernay). — In-16, 9 figures. — Prix . . . . . **5 fr.**

23. — **Manuel du Fabricant de Sucre**. Sucre de betteraves, de cannes ; par P. Boulin. — In-16, 30 figures. — Prix . . . . **6 fr.**

24. — **Accumulateurs électriques** (voir 81.)

25. — **La Tour Eiffel de 300 mètres**, par Max de Nansouty. — In-16 32 figures. — Prix. . . . . **2 fr. 50**

26. — **Les Machines dynamo-électriques**. par P. Clémenceau, — In-16, 116 figures. — Prix . . . . **5 fr.**

27. — **Machines à glace.** — (Epuisé.)

28. — **Manuel pratique de la Fabrication de la Bière**, par P. Boulin. — In-16, 17 fig. et une planche. — Prix.. . . . . **9 fr.**

29. — **Le Drainage des terres arables**. par A. Larbalétrier. — In-16, 29 figures. — Prix. . . . . **1 fr. 50**

30. — **Manuel pratique de la Fabrication des Alcools**, par E. Robinet et Canu. — In-16, 32 figures. — Prix . . . . **3 fr.**

31. — **Manuel pratique de la Soie**, par A. Villon. — In-16, 68 figures. — Prix . . . . **6 fr.**

32. — **Les Corps gras**, par A.-M. Vidlon. — In-16, 23 figures (2ᵉ tirage). — Prix. . . . . **6 fr.**

33. — **La Chaleur,** par J. Clerk Maxwell F. R. S. — Edition française, par G. Mouret, avec préface de M. A. Potier, membre de l'Institut. — In-16, 42 figures. — Prix . . . . **6 fr.**

34. — **Le Chemin de fer glissant de Girard et Barre,** par Max de Nansouty. — In-12, 12 figures. — Prix . . . . **1 fr. 50**

35. — **Manuel pratique d'Analyse micrographique des Eaux,** par P. Fabre-Domergue. — In-16, 10 figures. — Prix . . . . **1 fr. 50**

36. — **Manuel de Galvanoplastie,** par Georges Brunel. — In-16, 28 figures. — Prix . . . . **4 fr.**

Manuel pratique de l'installation de la Lumière électrique, par J.-P. Anney, ingénieur-électricien.

37. — 1re Partie. — Installations privées. — Troisième édition. — In-16, 135 figures. — Prix . . . . **5 fr.**

38. — 2e Partie. — Stations centrales. — In-16, 99 figures et 10 planches dont 8 en couleurs. — Prix . . . . **7 fr.**

39. — **La Navigation Sous-Marine,** par A.-M. Villon. — In-16, 11 figures. — Prix . . . . **1 fr. 50**

40. — **Aide-Mémoire de l'Ingénieur-Électricien.** Recueil de tables, formules et renseignements pratiques à l'usage des électriciens, par G. Duché, B. Marinovitch, E. Meylan et G. Szarvady. — Sixième tirage, augmenté par P. Juppont. — In-16, 152 figures, cartonnage anglais. — Prix . . . . . **6 fr.**

41. — **Fabrication de l'Acier.** (Epuisé.)

42. — **Fabrication de la Fécule.** (Epuisé.)

43. — **Fabrication et Emploi des Filets de Pêche,** par le commandant Vannetelle. — In-16, 64 figures. — Prix . . . . **3 fr.**

44. — **L'Horlogerie électrique,** par A. Tobler. — Deuxième édition, par L. de Belfort de la Roque. — In-16, 65 figures. — Prix . . . . **3 fr.**

45. — **Manuel de Meunerie.** (Epuisé.)

46. — **Manuel pratique du Chocolatier,** par L. de Belfort de La Roque. — In-16, 45 figures. — Prix . . . . **4 fr. 50**

47. — **Carnet de l'Ingénieur.** Recueil de tables, de formules et de renseignements usuels et pratiques sur l'industrie, chimie, physique, mécanique, machines à vapeur, hydraulique, résistance, frottements, etc. (Carnet Lacroix). — In-16, cartonné, 36 figures, 53e tirage. — Prix . . . . **4 fr. 50**

L'Aluminium. par Ad. Minet, ingénieur-électricien ; 2 vol. in-16, 43 figures. — Prix . . . . **9 fr.**

48. — 1re Partie : Fabrication. — Prix . . . . **4 fr. 50**

49. — 2e Partie : Alliages, Emplois. — Prix . . . . **4 fr. 50**

50. — **Notions générales sur les Matières colorantes organiques artificielles,** par Jules Mamy. — In-16. — Prix . . . . **1 fr. 50**

51. — **Manuel pratique du Monteur-Electricien.** Montage et conduite des installations électriques, etc., par J. Laffargue. — Petit in-8°, reliure anglaise, 927 figures et 4 planches en couleurs. — Treizième édition, revue entièrement par L. Jumau. — Prix . . . . **10 fr.**

52. — **Manuel pratique d'Arpentage et de levé des Plans**, par G. DALLET. — In-16, 73 figures. — Prix . . . . 4 fr.

53. — **Manuel pratique de Géodésie**, par G. DALLET. — In-16, 22 figures. — Prix . . . . 4 fr.

54. — **Fabrication de l'Acide sulfurique.** (Epuisé.)

55. — **Le Phonographe et ses applications**, par A.-M. VILLON. — In-16, 36 figures. — Prix . . . . 2 fr.

56. — **Câbles d'Eclairage électrique et Distribution de l'Electricité**, par STUART A. RUSSEL. — Traduit par G. FORMENTIN. — In-16, 107 figures, reliure toile anglaise. — Prix. . . . . 6 fr.

57. — **Le Portrait dans les Appartements**, par A. REYNER. — In-16. 35 figures. — Prix. . . . . 2 fr.

58. — **Catéchisme des Chauffeurs et des Machinistes**, traitant de la législation, de la combustion, de l'entretien, de la conduite des machines, mise en marche, description des organes, arrêt, machines spéciales, chaudières, foyers, appareils de sûreté, etc. — Septième édition, revue et augmentée. — In-16, 55 figures. — Prix. . . . . 2 fr.

59. — **Manuel pratique de l'Aéronaute**, par W. DE FONVIELLE. — In-16, 70 figures. — Prix . . . . 5 fr.

60. — **Les Cheminées d'usines**, par VICTOR LEFÈVRE. — In-16, 13 figures. — Prix . . . . 1 fr. 50

— **Principes de Chimie**, par DIMITRI MENDÉLÉEFF (édition française), par MM. ACHKINASI et CARRION, avec préface, par M. le professeur ARMAND GAUTIER, — 2 vol. in-16 cartonnés.

61. — Tome I. — L'étude de la chimie. — Prix. . . . . 7 fr. 50

62. Tome II. — Loi périodique. — Prix . . . . 7 fr. 50

63. — **Fabrication de l'alcool**. Tables de réduction et d'augmentation des degrés alcooliques, par P. DUSSERT. — In-16, cartonné. — Prix. . 4 fr. 50

64. — **L'Ammoniaque, ses nouveaux Procédés de Fabrication et ses Applications**, par P. TRUCHOT. — In-16, 31 figures. — Prix. . . . . 6 fr.

65. — **Fabrication des Encres et Cirages**, par DESMAREST, d'après LEHNER et BRUNNER. — In-16, 3 figures. — Prix. . . . . 5 fr.

66. — **Catéchisme d'Électricité pratique.** Premières leçons à la portée de tous, par Ernest SAINT-EDME. — In-16, 73 figures, cartonné, deuxième édition. — Prix . . . . 2 fr. 50

67. — **Manuel pratique du Teinturier**, par J. HUMMEL, édition française, par M. F. DOMMER. — In-16, 80 figures. — Prix . . . . 7 fr. 50

68. — **L'Or. Gîtes aurifères. Extraction de l'Or**, par H. DE LA COUX. — In-16, 29 figures. — Prix. 5 fr.

69. — **L'Acétylène et ses applications, l'Incandescence par le Gaz et le Pétrole**, par F. DOMMER. — In-16, 220 figures. — Prix. . . . 4 fr. 50

70. — **Manuel pratique de Radiographie**. Pratique des rayons X, par G. BRUNEL. — In-16, 56 figures, 3e édition. — Prix. . . . . 1 fr. 50

71. — **Aide-Mémoire de poche de l'Architecte et de l'Ingénieur-Constructeur,** par Ch. Ser. — In-16, 81 figures, cartonné, toile anglaise. — Prix . . . . **4 fr. 50**

72. — **Manuel pratique de Laminage du Fer,** par F. Neveu et L. Henry. In-16, 6 figures, 10 tableaux et atlas de 117 planches in-folio. — Prix. **40** fr.

73. — **Manuel du Chauffeur d'Automobiles**. — (Voir 108-114.)

74. — **Les Compteurs d'Electricité**, par Ernest Coustet. — In-16, 56 figures. — Prix. . . . . **2 fr. 50**

75. — **Note sur la fabrication des vins mousseux dans les pays chauds,** par E. Robinet. — In-16. — Prix . . . . **1 fr. 50**

76. — **L'Electricité dans la Maison moderne**, par Ernest Coustet. — In-16, 185 figures. — Prix cartonné . . . . **4 fr. 50**

77. — **Manuel pratique du Constructeur d'Automobiles à pétrole**, par Maurice Farman. — 1 vol. in-16, 65 figures et un atlas de 20 planches in-4°. — Prix. . . . . **9** fr.

78. **Manuel pratique du Prospecteur**. Guide du prospecteur et du voyageur pour la recherche des métaux et des minéraux précieux, par J.-W. Anderson. — Deuxième édition française, par J. Rosset. — In-16, 73 figures, cartonné toile. — Prix . . . . **5** fr.

79. — **Manuel pratique du Vinaigrier**, par Ch. Franche. — In-16, 29 figures. — Prix. . . . . **4 fr. 50**

80. — **Manuel pratique de Sondages**. par Ed. Lippmann. — In-16, avec 5 planches. — Prix, cartonnné. . . . . **4 fr. 50**

81. — **Les Accumulateurs électriques**, par F. Cacheux. — In-16. 57 figures. — Prix . . . . **4 fr.**

82. — **Séchage des bois**. — (Voir 110.)

83. — **Les Engrais**, par F. Legrand. — In-16, 19 figures. — Prix. . **1 fr. 50**

84. — **Elevage du Bétail**. par Em. Parbory. — In-16, 55 fig. — Prix **1 fr. 50**

85. — **Nos Légumes et nos Fleurs,** par E. Faveri et A. Larbalétrier. — In-16, 56 figures. — Prix. . . . . **1 fr. 50**

86. — **Laiterie, Beurre et Fabrication des Fromages**. Deuxième édition, par E. Rigaux. — In-16, 73 figures. — Prix . . . . **3 fr.**

87. — **Manuel pratique du Fabricant de Vernis**, par E. Coffignier. — In-16, avec 12 figures. — Prix . . . . **5 fr.**

88. — **Céréales et Fourrages**, par A. Larbalétrier. — In-16, 51 figures. — Prix. . . . . **1 fr. 50**

89. — **Arbres fruitiers et la Vigne**, par P. d'Aygalliers. — In-16, 46 figures. — Prix . . . . **3 fr.**

90. — **Cidre, Poiré et Boissons économiques**, par E. Rigaux. — In-16, 24 figures. — Prix. . . . . **1 fr. 50**

91. — **Volailles, Lapins et Abeilles**, par E. Paradis et A. Montoux. — In-16, 52 figures. — Prix. . . . . **1 fr. 50**

92. — **Machines agricoles et Constructions rurales**, par G. MÉNUL. — In-16, 112 figures. — Prix . . . . **1 fr. 50**

93. — **Manuel des Conserves alimentaires**, par R. DE NOTER. — In-16, 67 figures. — Prix. . . . . **3** fr.

Manuel de l'Ouvrier Mécanicien, par M. GEORGES FRANCHE, ingénieur-mécanicien (Arts et Métiers, E. C. P.). (Voir 149.)

94. — 1re PARTIE. — *Principes de Mécanique générale.* — In-16 cartonné, figures 1 à 95, deuxième édition. — Prix . . . . **2 fr.**

95. — 2e PARTIE. — *Outils, Machines-Outils.* — In-16 cartonné, figures 96 à 174, troisième édition. — Prix . . . . **2 fr.**

96. — 3e PARTIE. — *Forge et Fonderies.* — In-16 cartonné, figures 175 à 317, deuxième édition. — Prix . . . . **2 fr.**

97. — 4e PARTIE. — *Engrenages et Transmissions.* — In-16 cartonné, figures 318 à 446, deuxième édition. — Prix. . . . . **2 fr.**

98. — 5e PARTIE. — *Boulons, Rivets, Chaudronnerie :* Assemblage. — In-16 cartonné, figures 407 à 573, deuxième édition. — Prix . . . . **2 fr.**

99. — 6e PARTIE. — *Machines à vapeur.* — Figures 574 à 700, troisième édition. — Prix. . . . . **2 fr.**

100. — 7e PARTIE. — *Moteurs fixes à gaz et à pétrole.* — Figures 701 à 801, troisième édition. — Prix . . . . **2 fr.**

101. — 8e PARTIE. — *Moteurs hydrauliques, Roues, Turbines, Pompes.* — Figures 802 à 872, deuxième édition. — Prix. . . . . **2 fr.**

102. — **La Galvanoplastie** et la Photogravure à la portée des amateurs, par PAUL LAURENCIN. — In-16, 35 figures, cinquième édition, cartonné. — Prix. **3 fr.**

103. — **Les Amalgames et leurs applications**, par LÉON DE MORTILLET. — In-8°. — Prix. . . . . **2 fr.**

104. — **Manuel du Boulanger et du Pâtissier-Boulanger**. Boulangerie et Pâtisserie-Boulangère françaises et étrangères, par E. FAVRAIS. — In-8°, 124 fig. 2 planches en noir et 17 planches en couleur. — Prix. . . . . **12** fr.

105. — **Le Radium**, par JEAN ESCARD. — In-8°, 30 figures. — Prix. . . . **3** fr.

106. — **La Motocyclette et le Tricar**, par A. COQUERET. — In-8°, 22 figures et un modèle en couleurs des organes démontables de la Motocyclette. — Prix. . . . . **3** fr.

107. — **La Soie artificielle**, par P. WILLEMS. — In-8°. — Prix . . . . . **4** fr.

108. — **Manuel du Conducteur d'Automobiles**, par MAURICE FARMAN. — In-8°, 160 figures, quatrième édition. — Prix . . . . **4 fr. 50**

109. — **Formulaire général des réactions et réactifs chimiques et microscopiques**, par RAOUL ROCHE. — In-8°, cartonné toile. — Prix . . . . **9** fr.

110. — **L'Industrie chimique des bois**, par P. DUMESNY et J. NOTER. — In-8°, 103 figures, reliure toile anglaise. — Prix. . . . . **15** fr.

111. — **Les Omnibus automobiles**, par G. Le Grand. — In-8°, 16 figures. — Prix . . . . 1 fr. 50

112. — **La Pierre artificielle.** — Fabrication des briques et matériaux de construction, par Ernest Stoffler. — In-8°, 100 figures. — Prix. . . 4 fr. 50

113. — **Le Pétrole et ses applications**, par Henry Deutsch (de la Meurthe). — In-8° cartonné, 75 figures et 1 planche. — Prix . . . . 6 fr.

114. — **Nouveau Manuel du Conducteur d'Automobiles**, par Maurice Farman et P. Maisonneuve. — In-8°, 118 figures. Cartonnage toile anglaise. — Prix. . . . . 5 fr. 50

115. — **La Motocyclette**, par A. Coqueret. — In-8°, 7 figures. — Prix. 1 fr. 75

116. — **Nouveau manuel pratique du Pêcheur à la ligne**, par G. Lanorville, avec préface de R. de Saint-Arroman. — In-8° 136 figures. — Prix. 3 fr.

117. — **Manuel théorique et pratique du Ferblantier**, par Ortlieb. — In-8°, 297 figures. — Prix . . . . 6 fr.

118. — **Manuel de Photographies en couleurs**, par Ed. Coustet. — In-8°. — Prix . . . . 2 fr. 50

119. — **Manuel pratique de traction des Tramways électriques**, par Georges Daussy. — In-8°, cartonné, planches et figures. — Prix. . . . 5 fr.

Manuel de l'Apprenti et de l'Amateur électricien.

120. — 1re Partie. — *Principes d'électricité. Machines électriques.* Deuxième édition, par R. Marie. — In-16, figures 1 à 104. — Prix. . . . . 2 fr.

121. — 2e Partie. — *Sonneries électriques, Paratonnerres*, par H. Zéda. — In-16, figures 105 à 203. — Prix. . . . . 2 fr.

122. — 3e Partie. — *Téléphonie pratique*. par H. Zéda. — In-16, figures 204 à 285. — Prix . . . . 2 fr.

123. — 4e Partie. — **Tramways et Chemins de fer électriques**, par R. Marie. — In-16, figures 286 à 317. — Prix. . . . . 2 fr.

124. — 5e Partie. — **Eclairage électrique dans les appartements**, par H. de Graffigny. — In-16, figures 318 à 386, deuxième édition. — Prix. . . 2 fr.

125. — **Catéchisme de l'Automobile** à la portée de tout le monde, par H. de Graffigny, ingénieur civil. — In-16, cartonné, 64 figures. — Prix. . . 2 fr.

Manuel de Filature, par J. Dantzer.

126. — 1re Partie. — Mécanique et principes généraux de la filature des textiles. — In-16, 90 figures. — Cartonné. — Prix. . . . . 2 fr.

127. — 2e Partie. — Culture, rouissage, teillage et filature du lin. — In-16, figures 91 à 141. — Cartonné. — Prix. . . . . 2 fr.

128. — 3e Partie. — Filature du lin. — In-16, figures 142 à 180. — Cartonné. — Prix. . . . . 2 fr.

Les meilleures Recettes pratiques, par DANIEL BELLET.

129. — 1re PARTIE. — *Recettes de la vie domestique,* — Prix, cartonné. . . **2** fr.

130. — 2e PARTIE. — *Recettes de la Ferme et du Château.* — Prix : cartonné. **2** fr.

131. — 3e PARTIE. — *Recettes des Arts et Métiers.* — Prix : cartonné. . . . **2** fr.

132. — **Nouveau Manuel du Fabricant de Couleurs.** — In-8° avec figures. Prix : cartonné. . . . . **12** fr.

133. — **Les Aéroplanes.** Historique, Calcul et Construction des aéroplanes, par H. DE GRAFFIGNY. — 1 vol. in-8° avec 143 figures et 4 planches hors texte, deuxième édition. — Prix . . . . **4** fr.

134. — **Manuel de Construction et d'emploi des Machines et Appareils électriques**, par A. LUZY. — in-8°, 147 figures, 1909. — Prix . . . . **6** fr.

135. — **Manuel pratique du Naturaliste-Empailleur.** La Taxidermie à la portée de tous, par P. HASLUCK et L. GRUNY. — In-8°, 108 figures. — Prix. **3** fr.

136. — **Manuel pratique de Vannerie.** L'Art du Vannier à la portée de tous, par P. HASLUCH et L. GRUNY. — 1 vol. in-8° de 189 figures. — Prix. . **3** fr.

137. — **La Soude électrolytique.** Théorie. — Laboratoire. — Industrie, par ANDRÉ BROCHET, — In-8°, 60 figures. — Prix, broché . . . . **10** fr.

138. — **Album de plans de pose d'Installations téléphoniques**, par H. DE GRAFFIGNY, 32 plans hors texte. — In-8° cartonné. — Prix. **3** fr. **50**

139. — **Album de plans de pose d'Installations de la Lumière électrique**, par H. DE GRAFFIGNY, 32 plans hors texte. — In-8°, cartonné. — Prix. . . . . **3** fr. **50**.

140. — **Album de plans de pose de Sonneries Electriques.** (En préparation).

141. — **Manuel pratique de Dorure, Argenture.** Nickelage, Coloration des Métaux, par DE CONTER et GHERSE. — In-8°. . . . . **4** fr. **50**

142. — **Manuel de Constructions rustiques en Bois**, à l'usage des amateurs, par HASLUCK et GRUNY. — 1 vol. in-8°, 180 figures dans le texte. — Prix. **4** fr.

143 à 146. — (En préparation.)

147. — **Manuel pratique du Mineur.** (*Exploitation des Mines*). (Sous presse).

148. — **Manuel pratique du Constructeur Electricien.** (Sous presse.)

149. — **Manuel de l'Ouvrier Mécanicien**, 9e partie. — Manuel du Montage des Machines, par P. BLANCARNOUX, Ingénieur des Arts-et-Métiers. — In-18, 135 figures. (Sous presse.)

150. — **Manuel pratique et scientifique du Jeu de Bridge**, par A. RÉVEILLAUD. — 1 vol. in-16, cartonnage toile anglaise, 1910. — Prix. . . **4** fr. **50**

E. GREVIN — IMPRIMERIE DE LAGNY

www.ingramcontent.com/pod-product-compliance
Ingram Content Group UK Ltd.
Pitfield, Milton Keynes, MK11 3LW, UK
UKHW020605180726
13838UKWH00001B/446

9 782329 399775